断奶餐

日本主妇之友社 Baby-mo 杂志 / 主编
【日】上田玲子 / 监修　清水俊明 / 指导
周志燕 / 译

中国轻工业出版社

图书在版编目（CIP）数据

断奶餐 / 日本主妇之友社Baby-mo杂志主编；周志燕译. —北京：中国轻工业出版社，2016.2
ISBN 978-7-5184-0731-6

Ⅰ.①断… Ⅱ.①日…②周… Ⅲ.①婴幼儿—食谱 Ⅳ.①TS972.162

中国版本图书馆CIP数据核字（2015）第279119号

版权声明：
離乳食大全科
Copyright©Shufunotomo Co., Ltd. 2013
Original Japanese edition published in Japan by Shufunotomo Co., Ltd.
Chinese simplified character translation rights arranged through Shinwon Agency Beijing Representative Office,
Chinese simplified character translation rights © 2016 by China Light Industry Press

责任编辑：付 佳　王芙洁　　责任终审：张乃柬　　装帧设计：锋尚制版
策划编辑：翟 燕　　　　　　责任校对：晋 洁　　责任监印：马金路

出版发行：中国轻工业出版社（北京东长安街6号，邮编：100740）
印　　刷：北京博海升彩色印刷有限公司
经　　销：各地新华书店
版　　次：2016年2月第1版第1次印刷
开　　本：787×1092　1/16　印张：12
字　　数：300千字
书　　号：ISBN 978-7-5184-0731-6　　定价：39.80元
邮购电话：010-65241695　传真：65128352
发行电话：010-85119835　85119793　传真：85113293
网　　址：http://www.chlip.com.cn
Email：club@chlip.com.cn
如发现图书残缺请直接与我社邮购联系调换
141519S1X101ZYW

断奶餐

日本主妇之友社 Baby-mo 杂志 主编

"啊~张开嘴!"
让宝宝在快乐中吃断奶餐,
可以丰富宝宝的心灵,
强健宝宝的体格。

"什么是断奶餐?"

为了让只熟悉母乳和奶粉的宝宝将来能"与大人同食",
我们需要让宝宝练习吃米饭和菜肴等辅食,
而这个用作练习的辅食,便是"断奶餐"。

"总觉得不太好做……"

新手爸爸妈妈即使有些困惑,也没关系。
因为吃饭是宝宝与生俱来的能力,
只要按照宝宝的步调,
一步步提供帮助即可。

本书不仅介绍丰富的食谱,
还附有制作各种断奶餐的要领。
拥有本书,你便可以在轻松中开始、在快乐中制作。

吃饭即生活。
每天一匙一匙地喂,
可以锻炼宝宝的五种感觉器官。
爸爸妈妈们,请尽情享受与孩子一起围着餐桌吃饭
的快乐生活吧!

目录
CONTENTS

第 1 章
断奶餐安心推进方法

从母乳、奶粉到固体食物，这是一个重要的练习过程 8
- 断奶餐是宝宝持续一生的"饮食"的开始
- 宝宝的身体及身体功能远未成熟

宝宝成长中的 4 个断奶时期 10
- 断奶餐的推进方法因宝宝而异，切不可操之过急

请将三大营养类别的食物组合在一起 12
- 让宝宝在 2~3 日内摄入均衡营养即可

制作断奶餐的基础知识 1
给宝宝做一碗好喝的米粥 14

制作断奶餐的基础知识 2
亲手制作可以放心使用的各种汤汁 16

制作断奶餐的基础知识 3
掌握基本烹饪技巧 18
- 焯
- 擦碎・捣碎
- 用滤网磨碎 / 勾芡
- 压碎・拆解 / 切

整吞整咽期（5~6 个月）
先喂宝宝吃人生的第 1 匙 22
- 断奶餐开始时机
- 基础食材的软硬标准及大小标准
- 用汤匙喂食的方法

整吞整咽期（前半期）
让宝宝熟悉断奶餐是这个时期的主要目的 24
- 这个时期宝宝的特点
- 基础食材的软硬标准及大小标准
- 1~14 天的断奶餐推进标准
- 食谱范例

整吞整咽期（后半期）
待宝宝习惯 3 种营养类别的食物后，将每日喂断奶餐的次数变为 2 次 26
- 基础食材的软硬标准及大小标准
- 食谱范例

用舌搅碎期（7~8 个月）
用舌搅碎期（前半期）
为了让宝宝学会用舌头搅碎食物，应让宝宝慢慢习惯块状物 28
- 这个时期宝宝的样子 / 这个时期宝宝的吃法
- 基础食材的软硬标准及大小标准
- 这个时期的具体吃法

用舌搅碎期（后半期）
为了锻炼宝宝咀嚼食物，请用汤匙慢慢往宝宝嘴里送食物 30
- 基础食材的软硬标准及大小标准
- 食谱范例

断奶餐小故事 1 33

牙龈咀嚼期（9~11个月）

牙龈咀嚼期（前半期）

断奶餐升级为一日3餐，宝宝从断奶餐中摄取一半以上的营养 ················ 34
　　这个时期宝宝的样子 / 这个时期宝宝的吃法
　　基础食材的软硬标准及大小标准
　　这个时期的具体吃法

牙龈咀嚼期（后半期）

宝宝常常用手抓着吃，请重视宝宝想自己吃东西的积极性 ···················· 36
　　基础食材的软硬标准及大小标准
　　食谱范例
断奶餐小故事 2 ································· 39

自由咀嚼期（12~18个月）

自由咀嚼期（前半期）

让宝宝尝试各种硬度和口感的食物，以便锻炼其咀嚼能力 ···················· 40
　　这个时期宝宝的样子 / 这个时期宝宝的吃法
　　基础食材的软硬标准及大小标准
　　这个时期的具体吃法

自由咀嚼期（后半期）

让宝宝每天好好吃3顿饭，在1.5岁前完成断奶 ··································· 42
　　基础食材的软硬标准及大小标准
　　食谱范例

幼儿期（从完成断奶至3岁）

断奶期的延续，继续培养宝宝的咀嚼能力 ···· 44
　　这个时期宝宝的样子 / 这个时期宝宝的吃法
　　这个时期的具体吃法
　　完成断奶至3岁的每日食物构成及分量标准表
　　食谱范例

第2章 不同时期宝宝最喜爱的食谱

整吞整咽期

富含碳水化合物的食谱 ························· 48
富含维生素和矿物质的食谱 ···················· 52
富含蛋白质的食谱 ······························· 54

用舌搅碎期

富含碳水化合物的食谱 ························· 57
富含维生素和矿物质的食谱 ···················· 60
富含蛋白质的食谱 ······························· 64

牙龈咀嚼期

富含碳水化合物的食谱 ························· 67
富含维生素和矿物质的食谱 ···················· 70
富含蛋白质的食谱 ······························· 73

自由咀嚼期

富含碳水化合物的食谱 ························· 77
富含维生素和矿物质的食谱 ···················· 81
富含蛋白质的食谱 ······························· 84

实用信息专栏 让宝宝远离食物中毒 ····· 88

第3章 速成断奶餐简单做

使用婴儿食品的简便断奶餐 ·················· 90
　　婴儿食品的活用术
　　婴儿食品的4种基本形态
　　整吞整咽期
　　用舌搅碎期
　　牙龈咀嚼期
　　自由咀嚼期

微波炉速成断奶餐 ······························· 98
　　用微波炉做断奶餐的4大要领
　　整吞整咽期
　　用舌搅碎期
　　牙龈咀嚼期
　　自由咀嚼期

冷冻型断奶餐 ···································· 106
　　冷冻的基本技巧
　　添加了冷冻食材的美味食谱

匀自成人饭菜的断奶餐 ························ 113
　　将成人饭菜匀给宝宝吃的5大要领

第4章
宝宝出现异常情况时的断奶餐

食物过敏与断奶餐 ············ 122
　　食物过敏的发病机理
　　当怀疑是食物过敏时，请做好检查
　　担心宝宝食物过敏时的断奶餐推进方法

宝宝身体不适时的断奶餐 ············ 128
　　发热
　　腹泻
　　呕吐、咳嗽
　　口腔溃疡
　　便秘

帮宝宝克服不爱吃蔬菜的食谱 ············ 134
　　圆白菜
　　番茄
　　菠菜
　　胡萝卜
　　洋葱

宝宝的点心 ············ 144
　　简单易学的速成点心
　　点心的选购方法、喂食标准

第5章
宝宝饮食宜忌

富含碳水化合物的食物 ············ 150
富含维生素和矿物质的食物 ············ 152
富含蛋白质的食物 ············ 154
饮料类 ············ 159
干制品、已烹饪好的食品、调味料等 ············ 160
在外吃饭的宜与忌 ············ 164

实用信息专栏 为进餐和外出提供方便的
婴儿辅食喂养用品 ············ 166

第6章
断奶期疑惑解答

即将开始喂断奶餐时的疑问 ············ 168
整吞整咽期的疑问 ············ 170
用舌搅碎期的疑问 ············ 172
牙龈咀嚼期的疑问 ············ 174
自由咀嚼期的疑问 ············ 176
告别断奶餐后的疑问 ············ 178

第7章
巧做节日断奶餐

春节 ············ 180
儿童节 ············ 182
国庆节 ············ 185
万圣节 ············ 187
圣诞节 ············ 190

注：本书为日本引进版权书，书中很多食材、食谱均出自日本本土，与我国有所不同。日本婴幼儿的辅助添加和断奶进程与我国也有差别。读者在阅读本书时，请酌情参考，不可生搬硬套。具体断奶进程，需根据宝宝个体差异区别对待，以宝宝健康成长为原则。

第 1 章

断奶餐安心推进方法

升级为妈妈后才听说"断奶餐"这个词的人,应该为数不少吧!
到底应该怎么做断奶餐?怎么喂宝宝?关于断奶餐,你心中满是疑问。
其实,只要了解基本方法,便能一步一步地往前顺利推进。
请不要把它想得过于复杂。接下来,让我们以轻松愉快的心情开始制作断奶餐吧!

第1章 断奶餐安心推进方法

从母乳、奶粉到固体食物，这是一个重要的练习过程

断奶餐是宝宝持续一生的"饮食"的开始

刚出生的宝宝都喝母乳或配方奶粉。母乳和奶粉对宝宝而言，是最好的营养来源。

但是，由于宝宝每天都在不断地成长，所以几个月后若只喂母乳和奶粉，营养便会不足。

因此，结合宝宝消化能力和咀嚼能力等发育状况，让宝宝做由吞咽液体食物慢慢变为吞咽固体食物的吞咽练习，十分有必要。而这些食物便是断奶餐。

新手妈妈第一次做断奶餐往往容易紧张。我们希望各位妈妈尽量以放松的心情把吃饭的喜悦和快乐传达给宝宝。

喂断奶餐的目的

- 练习吃**固体食物**
- 培养**咀嚼力**
- **补充**成长所需营养
- 学会**一个人**吃饭
- 记住食物的**味道**
- 体验吃饭的**乐趣**
- 感受**饮食文化**

宝宝的身体及身体功能远未成熟

大人的胃如同一只入口逐渐变窄的横卧着的口袋，而宝宝的胃如同一个筒形的酒壶，这也是小婴儿爱吐东西的原因。

我们吃下去的食物通过蠕动从胃送往肠，而宝宝在1岁之前，其蠕动的功能并不健全，据说还不及成人的一半。而且，宝宝体内分解食物所需的各种消化酶的分泌也不充分。

另外，宝宝的免疫功能也不健全，应对病原体、毒物的抵抗力弱。

肠道的有益细菌（双歧杆菌等）在预防某些肠道感染上发挥了很大的作用，而这种菌群的彻底形成要等宝宝进入幼儿期。在此之前，宝宝很容易因极少量细菌的侵袭而出现食物中毒。

宝宝在成长的同时，身体功能也在不断发育，但是，长到8岁左右才能与大人大致持相同水平。在这之前，父母有必要为宝宝准备不同发育阶段所适合的食物。

消化吸收的过程

胃的主要职责是将嘴中嚼碎的食物再度细细分解后，一点一点地把食物送入小肠。从胃送出的食物在十二指肠中被各种消化酶分解成小分子，并最终经小肠黏膜为身体所吸收。无法消化吸收的食物与大便一起排出体外。

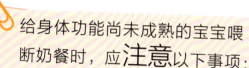

给身体功能尚未成熟的宝宝喂断奶餐时，应**注意**以下事项：

- 应喂宝宝吃一些即使宝宝尚未长牙也能**吞咽**的**细小食物**
- 断奶餐应控制盐分，以**淡味**食物为主
- 给宝宝吃的食物**必须加热**
- 从碳水化合物开始喂起，喂富含蛋白质的食物须遵守**喂食顺序**
- 脂肪难以消化，最初只能喂**少量食物**
- **留意**妈妈的手和烹饪用具是否**卫生**，做好食物后应马上喂宝宝吃

第1章 断奶餐安心推进方法

宝宝成长中的4个断奶时期

5~6个月 整吞整咽期

断奶初期

一日1~2次
＊喂1个月后，变为每日2次

让宝宝吞咽液体食物的时期

让宝宝习惯母乳和奶粉以外的食物的味道和口感是本阶段的目的。
在这个阶段，即便食物种类少也没关系。大约喂2周后，可以先喂捣碎的稀饭，再按顺序添加经滤网过滤的蔬菜、鱼肉等，让宝宝逐渐习惯这些食材的味道。

宝宝还无法坐稳时，可以坐在妈妈膝盖上

这个时期的断奶餐如浓汤般黏稠，若用汤匙划过表面，会留下痕迹

食谱范例

7~8个月 用舌搅碎期

断奶中期

一日2次

先用舌头将块状食物挤至上颌，再将其搅碎、吞下的时期

让宝宝习惯每日2次断奶餐的时期。这个时期，不能直接吞咽的块状食物，宝宝会先用舌头将其搅碎。宝宝可以食用的富含蛋白质的食物一下增加了很多，如鸡胸肉、鱼肉、乳制品、蛋黄等。请务必将这些食材加入食谱中。

待宝宝可以坐稳后，让宝宝坐在椅子上

这个时期的断奶餐如豆腐般柔软，宝宝用舌头便能轻松搅碎

食谱范例

断奶餐的推进方法因宝宝而异，切不可操之过急

一说起断奶餐，大家便会提到"推进"一词。根据宝宝的咀嚼能力和消化能力改变食物的大小和柔软程度，增加喂食的次数和分量，即一步一步向前推进的过程。

需要注意的是，并不是说到了相应的月龄就必须采用本书介绍的推进方法。大家既可以中途稍作休息，也可以倒退至前一阶段，继续喂之前的断奶餐。最好是边观察宝宝的状态，边按照宝宝本人的步调向前慢慢推进。

9~11个月 **断奶后期**
牙龈咀嚼期 一日 **3** 次

用牙龈咀嚼舌头无法搅碎的食物的时期

由于在这个阶段，宝宝需要从断奶餐中吸取60%以上的营养，所以在营养搭配上，妈妈应多加注意。食物应硬一些、大一些，以便提升宝宝用牙龈嚼碎食物的能力。为了诱发宝宝对食物的欲望，在一定限度内可以让宝宝抓着吃。

> 让宝宝坐在椅子上。多让宝宝抓着吃

> 像用手指即可捏碎的拇指粗细的香蕉一般软硬即可

食谱范例

12~18个月 **断奶结束期**
自由咀嚼期 一日 **3** 次

用门牙咬断、用牙龈自由咀嚼的时期

这个阶段，宝宝的绝大部分营养都来自断奶餐。让宝宝品尝各种不同口感的食物，以便让宝宝具备根据食物形状调整咀嚼力度的能力。若想把成人饭菜分给宝宝吃，请把食物做得柔软一些、清淡一些。

> 这个阶段以用手抓着吃为主，偶尔可以训练宝宝用汤匙吃饭

> 表面光滑的肉丸，稍微用力便能咬碎，是锻炼宝宝咀嚼力的好道具

食谱范例

第1章 断奶餐安心推进方法

请将三大营养类别的食物组合在一起

让宝宝在2~3日内摄入均衡营养即可

从用舌搅碎期开始,断奶餐的营养是否均衡十分重要。

可以从三大类食物中各选出一种或几种,将它们组合在一起制作断奶餐即可。主食+富含蛋白质的菜肴、蔬菜类菜肴,如果按照这种模式制定食谱,营养自然可以达到均衡状态。

理想状态是餐餐营养均衡,但这在现实中不可能实现。只要一日内,或2~3日内的餐食达到营养均衡即可。

有助于增加宝宝体力及体温

富含热量的食物

这类食物主要包括含有"糖分"的碳水化合物类食物,而糖分是增加体力和体温的热量之源,常常被作为主食食用。同样是身体热量之源的脂肪,也属于这个类别,但它会给宝宝的身体带来很大的负担,所以只能让宝宝吃极少量。

- 谷类
- 薯类
- 面类

开始喂断奶餐时,先喂富含碳水化合物的食物

第一次喂断奶餐,建议喂"10倍粥"(即用体积是米的10倍的水煮出来的粥)。这种浓度的粥消化吸收好,无需担心是否会过敏,可以放心喂宝宝吃。待宝宝习惯喝粥后,可以将富含维生素和矿物质的蔬菜加入断奶餐中。可以选择南瓜、胡萝卜等涩味少、略带甜味且方便制作的蔬菜。

有助于调理宝宝的身体状态
富含维生素和矿物质的食物

这是一类富含有助于调理身体状态的维生素和矿物质的食物。颜色较深的黄绿色蔬菜含有丰富的胡萝卜素。

- 蔬菜
- 海藻
- 菌类
- 水果

到了牙龈咀嚼期，应留意宝宝是否缺铁

9个月以后，宝宝需从断奶餐中摄取60%以上的营养。从这时起，营养是否均衡变得十分重要。宝宝最容易缺的是铁。长期缺铁会对身体发育产生不良影响，所以父母应有意识地让宝宝多吃富含铁的食物，如动物肝脏、瘦肉、木耳、鱼肉等。

富含蛋白质的食物应在宝宝能吃时喂

待宝宝习惯粥和蔬菜后，可以在断奶餐中添加富含蛋白质的食物。由于宝宝消化蛋白质的功能尚未成熟，所以如果过量喂食，可能会引发腹泻。此外，从预防过敏的角度来说，也应严格遵守喂食的顺序和分量。在断奶初期，即整吞整咽期，只能喂脂肪含量少的鱼肉、瘦肉等。

可促进肌肉、骨骼、内脏等组织器官发育
富含蛋白质的食物

蛋白质是一种可增强体质的物质，是宝宝成长过程中不可或缺的营养素。除了可以增强体质外，还可以增强免疫力。可以将豆腐等植物类蛋白质和鱼、肉、乳制品、鸡蛋等动物类蛋白质搭配在一起。

- 豆腐
- 肉
- 鱼
- 鸡蛋
- 乳制品

第1章 断奶餐安心推进方法

制作断奶餐的基础知识 1

给宝宝做一碗好喝的米粥

最先给宝宝吃的食材是米。米粥的制作是制作断奶餐的基础中的基础。结合不同阶段的发育特点适量增减水,为宝宝制作一碗既柔软又好喝的米粥吧!

米 1 : 水 10

按这个比例煮制而成的"10倍粥"

用生米煮出来的米粥更好喝,但也可以直接用米饭做粥。若用米饭做粥,则按1(米饭):9(水)的比例添水。若是第一次煮粥,只需记住20克(2大匙)米饭加180毫升水即可。

米粥添水比例一览表			
	时期	用米饭煮 米饭:水	用生米煮 生米:水
10倍粥	整吞整咽期 前半期	1:9	1:10
7倍粥	整吞整咽期 后半期	1:6	1:7
全粥 (5倍粥)	用舌搅碎期	1:4	1:5
硬粥 (4倍粥)	牙龈咀嚼期 前半期	1:3	1:4
软饭	牙龈咀嚼期 后半期 自由咀嚼期 前半期	1:2~3	1:3
米饭	自由咀嚼期 后半期		1:1.2

为了让宝宝顺利咽下，请将米粥捣碎后搅拌成浓汤状

1 因为煮得十分柔软的米粥很容易通过滤网，所以用汤匙按压便能使其轻松过滤。

2 经滤网过滤的米粥会粘在滤网的背面，请用汤匙将其轻轻刮至碗中。

3 10倍粥的过滤大功告成。但是这种状态的米粥，水和米粒属于分离的状态，且米粒有些粗糙。

4 用擂钵以研磨的方式搅拌粗糙的米粒，米粥的口感将更加柔滑。

5 最后用迷你打蛋器再次搅拌后，水和米粒融合于一体，米粥变成了黏糊状。

成品实物大小

与粗糙的米粥相比，黏糊糊的浓汤状米粥更好喝

用生米煮粥

每2大匙大米，加入200毫升水。淘好米后泡20分钟，让大米充分吸收水分。
与煮饭一样，先用大火煮，再用小火煮。煮粥时间30分钟左右。

使用冷冻米粥更方便

因为煮少量的米粥既不好煮又费精力，所以我们可以一次多做一些，将剩余的米粥放入冰箱冷冻。先加入适量水，煮好米粥，再按照宝宝每次能吃下的分量将米粥均分成小份，最后放入冰箱冷冻即可。

简单 的煮粥技巧

用**电饭煲**煮粥

在电饭煲中准备好米和水后，将耐热杯或陶瓷杯放在中央位置。接着将相当于宝宝1次进食量的米和水放入杯中，按下煮饭开关。当大人的饭煮好时，宝宝的米粥也做好了。

用**微波炉**煮粥

用微波炉做的粥很好吃。在50克（5大匙）米饭中倒入450毫升水，接着蒙上保鲜膜，放入微波炉中加热2~3分钟。边观察边加热，直至米粥做好。

第1章 断奶餐安心推进方法

制作断奶餐的基础知识

2 亲手制作可以放心使用的各种汤汁

美味的汤汁和汤是做菜的基础。它们的用途可谓多种多样，不仅可以作为炖菜和汤菜的底汤，还可以在做素菜或肉菜时使用。

蔬菜汤

用现有蔬菜便能轻松做成的蔬菜汤，很是美味。它不仅可以作为宝宝的断奶餐，还可以在宝宝身体不适时给宝宝补充水分、维生素和矿物质。

1 准备涩味小的蔬菜

胡萝卜、圆白菜、白萝卜等涩味小且不易煮烂的蔬菜，最适合用来做蔬菜汤。请将蔬菜切成薄片、大块或细丝。

2 边撇去浮沫边慢慢炖煮

将蔬菜倒入锅中，加入稍没过蔬菜的水，用中火加热。待煮沸后转为小火，边撇去浮沫边慢慢炖煮，约煮15分钟。

3 过滤后保存

用网勺等器具过滤蔬菜，待蔬菜汤冷却后，放入冰箱冷藏室保存。但请尽快用完。请根据宝宝月龄添加配料。

日式汤汁

兼顾柴鱼和海带之美味的日式汤汁，做起来非常简单。它能使日常菜肴增味不少。

1 将海带放入水中，开火煮

在锅中倒入2杯水，放入切成小片的海带，浸泡10~15分钟。用中火加热，在即将煮沸前将海带捞出。

2 放入干制柴鱼熬煮

将水煮沸后转为小火，加入2包干制柴鱼片（一包5克），煮2~3分钟。待充分煮出柴鱼的鲜味后，关火。

3 过滤后保存

待柴鱼沉淀后，用滤网或纸巾过滤。冷却后的汤汁可以冷藏保存，也可以冷冻保存。

简单 汤汁的制作方法

用微波炉煮汤汁包

将一包汤汁包和少量水放入空瓶子中,用微波炉煮1~2分钟,将其煮沸。注意不要溢出。待瓶子冷却后,将汤汁包取出,盖上瓶盖,放入冰箱冷藏室中保存。请在2~3日内用完。汤汁较浓,使用前请先稀释。

将海带放入冷藏室中

将海带和水放入干净的空瓶中,将瓶子放入冰箱冷藏室中保存。冷藏数小时即可使用。每次用完,可以添入与倒出的汤汁等量的水,如此换2~3次,美味程度依然不减。请在3~4日内用完。

将小杂鱼干放入冷藏室中

将2~3条去除头部和鱼肠的小杂鱼干和1/2杯水倒入耐热容器中。将耐热容器放入微波炉中加热,煮至沸腾。待冷却后,先过滤,再装入瓶子中。请在2~3日内用完。

滤网
不仅可以用它过滤汤汁、控去食材的水分,还可以用它煮面条类食物。

厨房剪刀
可以代替菜刀使用。切熟肉或在锅中切面条类食物时,它可以派上用场。

制作断奶餐的小帮手

初次品尝断奶餐的宝宝,往往是用尽全力才能将食物吞下。只要食物稍微有些硬,宝宝就会因吞咽不下而全部吐出。为了解决这些问题,我们应准备一些可以用来捣碎、过滤、磨碎的小器具。

切片器
只需更换刀具,便能轻松切出不同粗细度和厚度的薄片、细丝,可以满足宝宝各个时期的需求。

擦板
想研磨少量蔬菜的时候,用它十分方便。若想制作生蔬菜泥,建议使用专门用来擦萝卜泥的不锈钢材质擦板。

量匙
大匙为10克(或10毫升),小匙为5克(或5毫升)。至少应准备这两种度量的汤匙。

擀面杖
可以用它敲打、研磨食材。将玉米片等细小的食材放入塑料袋中敲打,便不会四处飞散。

削皮器
除可以用来削皮外,还可以用来切胡萝卜片等薄片。

迷你打蛋器
适合用来搅拌少量食材。想将豆腐等柔软的食材或熟土豆捣碎时,也可以用它。

擂钵与擂杵
制作断奶餐的必备用具。市面上有塑料、陶瓷等各种材质的擂钵、擂杵。

断奶餐成套烹饪用具
由擂钵、滤网、擦板等组成的断奶餐专用成套器具,也是制作断奶餐的得力帮手。可以用于微波炉烹饪。

第1章 断奶餐安心推进方法

制作断奶餐的基础知识

3 掌握基本烹饪技巧

本小节主要介绍在制作柔滑易咽的断奶餐前必须了解的烹饪技巧。只要掌握其中的制作要领，没有什么可以难住你。

焯

为宝宝准备菜肴，食材需先焯软再烹饪。用沸水焯食材，不仅可以去除涩味和多余脂肪，还有杀菌的作用。

根类蔬菜：与凉水一起煮开

红薯、土豆、山药、胡萝卜、白萝卜等根类蔬菜应放入凉水中，与凉水一起煮开。因为这些蔬菜用水浸泡后再将其煮开，会更加美味。

叶类蔬菜：用沸水焯

圆白菜、西蓝花等叶类菜应放入沸水中焯。

鱼肉：焯完后再剁碎

一定要放在沸水中焯一下，以去除腥味和多余脂肪。鱼刺与鱼皮，焯完后比生时更易剔除。注意不要残留小刺。

肉末：煮之前先在水中搅开

将肉末突然放入沸水中，肉末会黏成一团，所以将肉末和5倍分量的水放入锅中后，应先在水中搅开肉末，再加热。待肉末变色后，用滤网过滤即可。

擦碎·捣碎

在整吞整咽期和用舌搅碎期，这是能派上用场的烹饪技巧。用擦板或礤床儿可以把食材擦成碎末，用擂杵可以把食材捣成方便宝宝食用的黏糊状。

擦碎

直接擦入锅中

若想把胡萝卜煮成黏糊状，可以采用焯水、切丝、捣碎的方法。但若是擦碎后再煮，用时更短。

添水后加热

将汤汁加入擦成碎末的胡萝卜中，待其煮软后，用水淀粉勾芡。擦胡萝卜的时候，垂直纤维的走向擦，能擦出更加平滑的碎末。

若是整吞整咽期，先煮一下

若想让胡萝卜吃起来更加柔滑，最好是先焯一下再擦碎。将胡萝卜带皮放入水中煮，待煮软后，捞出擦碎。

鸡胸肉、菠菜等食材，先冷冻，后擦碎

将生鸡胸肉去筋，菠菜用水焯一下，沥干水分后放入冰箱冷冻。取出后无需解冻，直接擦碎即可。擦碎后，若再放入汤汁中煮一煮，吃起来会更加细腻。

捣碎

用擂钵捣碎

将煮软的土豆、南瓜等食材放入擂钵中，趁热捣碎。以从上方用力挤压的方式将其捣碎。

用汤汁等稀释

捣碎后的土豆泥等泥状物，含水分少，不易下咽。这时，可以加入汤汁或拌入酸奶、牛奶等，把它稀释成方便食用的状态。

用擂钵捣肉

用擂钵将煮软的肉末捣成更小的碎末。猪肉等肉质比鱼肉硬一些，用稍大一点的擂钵更容易操作。

用擂钵捣鱼肉

将焯好的鱼肉剔除鱼刺和鱼皮，拆解成小块后，用擂钵将其捣碎。由于鱼肉比较干，可先勾芡处理。

第1章 断奶餐安心推进方法

用滤网磨碎

焯好后切成小段
因为绿叶蔬菜含有较多膳食纤维,用滤网磨碎后,更方便宝宝食用。先将绿叶蔬菜焯软,再将菜叶切成小段。含筋较多的根茎部,适合给大人吃。

倾斜网眼
若过滤少量食材,用断奶餐专用滤网或网眼较大的滤网比较方便。过滤时,请倾斜网眼,用汤匙或研磨棒以挤压的方式朝着身体方向研磨。

用汤汁稀释
过滤完后,请用汤汁将绿叶糊稀释成方便吞咽的浓度。若宝宝处于整吞整咽期,请将它稀释成稀糊状。待宝宝习惯这种口感后,逐渐减少水分。

若你想把食材做成适合整吞整咽期宝宝吃的黏糊状,滤网眼的食材十分滑溜,所以即使是宝宝平时讨厌吃的食材,也能高兴地吃下。由于经滤网磨碎的食材十分滑溜

过滤南瓜等食材

过滤南瓜、土豆等已煮软的食材时,用汤匙的背面挤压,更为轻松。冷却后很难过滤,最好趁热操作。

勾芡

用水淀粉勾芡
勾芡是制作断奶餐的一大关键技艺。经勾芡的食物不仅滑溜好吃,还方便宝宝吞咽。

用多一倍的水溶解淀粉
淀粉是勾芡的基础。由于直接加入淀粉,淀粉会变成面团,所以在勾芡前必须加水溶解。一般情况下,我们按照1(淀粉):2(水)的比例制作水淀粉。玉米淀粉也是如此。

待食材煮沸后,倒入水淀粉
待食材煮沸后,倒入水淀粉并快速搅拌,随后闭火。由于汤汁一冷却便会变成黏稠状,所以趁汤汁还不是很稠的时候喂食也是一大诀窍。

用微波炉做芡

如果觉得用上述方法难以调节浓度,可以先用微波炉做好芡汁,然后边观察状态边加入适量芡汁搅拌。

用有黏度的食材增稠
我们身边有很多原本就含有黏度的食材,可以用这些食材为断奶餐增加黏滑度。

用香蕉

直接捣碎的香蕉十分黏稠。用冷冻后再捣碎的香蕉,便可以做出一份细腻柔滑的香蕉糊。

用土豆

将用擦板擦碎的生土豆泥加入做好的断奶餐中后,加热一下即可。融入淀粉质的断奶餐黏糊糊的,十分容易吞咽。

用酸奶

加入酸奶的断奶餐,酸味柔和、口感柔滑,十分易于吞咽。也可以将酸奶拌入磨碎的鸡胸肉中。

用婴儿米粥

将一匙婴儿米粥或面包粥加入做好的断奶餐中即可。味道很清爽。

压碎·拆解

进入用舌搅碎期后，宝宝便开始用舌头和上颌搅碎食物。为了锻炼宝宝用舌搅碎食物的能力，应将食物压碎或拆解成合适大小。

用叉子 〔压碎〕

若是南瓜、土豆等食材，在盘子上便能将其轻松压碎。若是毛豆等会滚动的食材，则需将拇指按在叉子上，以挤压盘子的方式将其压碎。

用叉子 〔拆解〕

若是煮熟的鱼肉和鸡蛋黄等食材，请用叉子尖以挑起的方式将其拆解开。鸡胸肉煮之前先去筋，再用叉子尖部拆解。

用汤匙 〔压碎〕

若是已煮软的食材，用汤匙的背部便能将其压碎。也可将食材放在专用擂钵中操作，会更加轻松。

用土豆泥捣具 〔压碎〕

量较多的时候，若使用土豆泥捣具，很快便能完成。一旦冷却便不易压碎，尽量趁热操作。

切

切，是制作断奶餐的基本技能。应根据食材特点及宝宝不同的发育阶段调整切法。除了可以用菜刀切菜外，用厨房剪刀、切片器等刀具切菜，也很方便。

切菠菜

由于叶类蔬菜含有较多膳食纤维，所以在牙龈咀嚼期之前，我们只用柔软的叶尖部分。将叶子焯好后，先纵切，再横切。需注意的是，若切得不到位，菠菜便会连成一长条。这样的菠菜，宝宝难以吞咽。

切胡萝卜

当宝宝处于牙龈咀嚼期时，请将胡萝卜切成5~7毫米见方的小丁。先切成5~7毫米厚的薄片，再切成5~7毫米宽的长条。最后从其中一端切起，将其切成小丁。

切西蓝花

将花蕾部分成一口大小的小瓣后，用沸水将其煮软。用菜刀削着切，可以轻松将其切成碎末。

第1章 断奶餐安心推进方法

整吞整咽期（5~6个月）

先喂宝宝吃人生的第一匙

如何把宝宝只熟悉母乳和奶粉的生活切换到有断奶餐的生活？什么时候开始？喂什么？如何喂？被这些问题困扰而忐忑不安的妈妈们，请先放松心情。接下来，让我们边观察宝宝的状态边开始尝试吧！

断奶餐开始时机

☐ **已满5~6个月**
过早喂断奶餐容易给宝宝的身体增添负担，而太晚开始又会使宝宝营养不良。最晚请不要晚于6个月。

☐ **宝宝能自由控制头部，能坐稳**
这是发育良好的标志。宝宝可以坐稳后，便可以为宝宝调整吃断奶餐时的身体姿态。

☐ **看大人吃饭时，嘴会做咀嚼的动作**
常常张开小嘴或咀嚼嘴巴，证明口部周围肌肉发育良好，宝宝已做好咀嚼食物的准备。

☐ **即使把汤匙等器具送进嘴里，宝宝也很少用舌头将其推出**
当宝宝挺舌反射逐渐变弱后，便能逐渐接受将汤匙放入他们嘴中，可添加辅食了。

☐ **健康状态及情绪良好**
消化吸收从未吃过的食物，对宝宝而言，是个巨大的转变。因此，第一次喂断奶餐，请选择宝宝身心皆良的日子吧！

基础食材的软硬标准及大小标准

磨碎的10倍粥

实物大小

浓度较浓，含在嘴里有滑溜的感觉。

舀起一勺后倾斜勺子，液体滴滴答答地往下流。

将其中一次喂奶时间改为喂断奶餐时间

最开始时，断奶餐一日喂1次。一般做法是把某一次喂奶时间改为喂断奶餐时间。若平时喂奶比较频繁，无固定喂奶时间，则可以由妈妈决定喂断奶餐的时间。为了让宝宝形成有规律的饮食生活，一旦定下时间，就应在同一时间段喂断奶餐。最好避开深夜和早晨这两个时段，选择某个宝宝肚子饿的时间段。

喂食时，或将宝宝放在妈妈膝盖上，或让宝宝坐在婴儿专用椅子上

在宝宝坐不稳前，若让宝宝坐在餐椅上，可能会出现宝宝因身体向前倾而难以喂食的情况。初期可以让宝宝坐在妈妈膝盖上，并稍稍向后倾斜宝宝身体，这样食物不容易从嘴中溢出，也方便宝宝吞咽。让宝宝坐在婴儿专用椅、摇椅或婴儿沙发上，喂起来也很方便。

用汤匙喂食的方法

要领：把汤匙水平放在宝宝的下唇上

喂断奶餐时，如何促使宝宝张嘴吞咽食物，是很关键的一步。其要领是，把汤匙水平放在下唇上。如此一来，宝宝便能自己做吞咽食物的练习。

用汤匙轻轻触碰下唇，提醒宝宝即将开始喂食。

待宝宝张嘴后，将汤匙水平放在宝宝的下唇上。

待上唇自然放下来后，宝宝开始吞咽食物。

慢慢抽出汤匙。

不要以摩擦上唇的方式喂食。

第1章 断奶餐安心推进方法

整吞整咽期

前半期

这个时期的营养（一日1餐）

10% 来自断奶餐　　90% 来自母乳、奶粉

这个时期宝宝的特点

☐ 若提供支撑，宝宝能坐起
☐ 舌头只能前后运动
☐ 绝大部分宝宝尚未长牙

让宝宝熟悉断奶餐是这个时期的主要目的

将食材煮熟、捣碎，用汤汁等稀释成滑溜状后，便可以一匙一匙地慢慢喂给宝宝吃。让宝宝记住每种食材的味道吧！

口味清淡是制作断奶餐的基本要求

盐分会给宝宝的肾脏带来负担。特别是刚开始喂断奶餐，不应在食物中添加作料，而是让宝宝品尝食材的原本味道。

喂新食材时，应边观察宝宝状态边慢慢喂

喂新食材时，第一次先喂1匙，之后边观察宝宝状态边慢慢增加喂食量，让宝宝逐渐习惯这种食材的味道。所谓"观察状态"，即观察宝宝吃辅食时的模样以及吃完后皮肤和大便的变化情况。一次喂1种新食材即可。

喂完断奶餐后，等宝宝想喝奶时再喂奶

断奶餐、母乳、奶粉同属于宝宝的饭食。因此，喂完断奶餐后，等宝宝想喝奶时再喂奶即可。

基础食材的软硬标准及大小标准

实物大小

胡萝卜　　米粥

鱼肉　　菠菜　　土豆

这个阶段断奶餐的基本特点是含水分多，呈柔滑的浓汤状。用汤匙划过表面，划痕会瞬间消失（图为南瓜）。

一日2餐的开始时机

- 可以很快地吞下呈浓汤状的断奶餐
- 除作为主食的米粥外,可以吃鱼肉等富含蛋白质的食物
- 每天吃断奶餐都很高兴

宝宝饮食时间表范例(一日1餐)

= 奶粉或母乳　　= 断奶餐

1~14天的断奶餐推进标准

日期	1	2	3	4	5	6	7	8	9	10	11	12	13	14	15
富含碳水化合物的食物 如磨碎的10倍粥										增至5~6匙 →					
富含维生素和矿物质的食物 如番茄糊													逐渐增加 →		
富含蛋白质的食物 如橙子风味鱼泥															

- 第1日喂1匙10倍粥等富含碳水化合物的食物。第2日喂1匙与第1日相同的食物。第3日增至2匙,之后一点点增加。
- 待宝宝习惯喝粥后,将蔬菜加入断奶餐中。选择1种蔬菜,第1日喂1匙。次日喂1匙与头一天相同种类的蔬菜,第3日增至2匙。
- 待宝宝能吃下米粥和蔬菜各3匙后,添加1种富含蛋白质的食物。喂食方法与米粥、蔬菜相同。

食谱范例

磨碎的10倍粥
做法
将10倍粥磨成滑溜状(※参照14~15页)

橙子风味鱼泥
做法
将熟鱼肉去皮、去刺,用滤网磨碎后,加入剥去薄皮的橙子,将全体捣成泥状。

番茄糊
做法
将去子、去皮的番茄果肉磨成滑溜状。

若用断奶餐专用小匙,则为2~3匙。

整吞整咽期

后半期

这个时期的营养（一日2餐）

20% 来自断奶餐　　80% 来自母乳、奶粉

待宝宝习惯3种营养类别的食物后，将每日喂断奶餐的次数变为2次

断奶餐喂了1个月后，若宝宝可以分别吃下3种营养类别的食物，便可以改为一日喂2次。接下来，减少水分，将断奶餐做成黏糊糊的浓稠状。

再次将其中1次喂奶时间改为喂断奶餐

若5个月的时候开始喂断奶餐，那么6个月的时候便可以每日喂2次断奶餐。若6个月的时候才开始，则这时还是每日喂1次。改为每日2餐后，加上之前的断奶餐，即占用2次喂奶时间。

可以根据宝宝的食欲将第2次断奶餐的分量减为第1次的一半以下。初期按照1/3~1/2的分量喂第2次断奶餐，待宝宝习惯每日2次断奶餐后，再慢慢增加喂食量。

大便可能会发生变化

有的宝宝一开始吃断奶餐会出现大便次数增多、腹泻或便秘等症状。这是因为肠内细菌的状态发生了变化。若宝宝情绪不错、食欲好，且体重顺利增加，则无需担心。等宝宝的身体渐渐习惯断奶餐后，大便的性状便会稳定下来。

因母乳、奶粉等奶汁摄入量减少而导致水分不足，是开始喂断奶餐不久出现便秘的原因之一。若出现便秘症状，只要让宝宝多喝一些水，便能缓解。

让宝宝做用舌头压碎食物的练习

当宝宝可以顺利吃下黏糊糊的断奶餐后，便可以试着让宝宝吃切成薄片的黄瓜、香蕉等。只要把装有食材的汤匙放在宝宝下唇上，宝宝便会用上唇裹住食物，并试着用舌头和上颚将其压碎——这对宝宝口腔功能的发育有促进作用。

基础食材的软硬标准及大小标准

实物大小

香蕉　　鱼肉　　胡萝卜　　菠菜　　米粥　　土豆

第1章　断奶餐安心推进方法

进入用舌搅碎期的开始时机

■ 闭着嘴咀嚼水分少、黏糊糊的断奶餐

■ 主食加菜肴,每次能吃下用宝宝专用碗装的半碗食物

■ 无论是一日1餐还是一日2餐,每天都能高兴地吃

食谱范例

第 1 次

磨碎的米粥
做法
将7倍粥磨碎即可。

磨碎的米粥

橙子风味鱼泥
做法
将去刺、去皮的熟鱼肉磨碎,配上磨成碎末的橙子。

番茄泥
做法
将去子、去皮的熟透了的番茄果肉磨成柔滑的浓稠状。

第 2 次

南瓜奶糊
做法
将煮熟的南瓜黄瓤部分磨成酱状后,倒入用婴儿奶粉冲调好的奶里。

南瓜奶糊

香蕉粥

香蕉粥
做法
在磨碎的香蕉中加入适量水稀释后,用小火将其煮成浓稠状。

第1章 断奶餐安心推进方法

用舌搅碎期（7~8个月）

前半期

这个时期的营养（前半期）

- 30% 来自断奶餐
- 70% 来自母乳、奶粉

为了让宝宝学会用舌头搅碎食物，应让宝宝慢慢习惯块状物

即使是较晚开始吃断奶餐的宝宝，也应在七个半月左右改为每日吃2餐。这个时期应让宝宝学会用舌头搅碎无法直接吞咽的块状物。请不要突然增加硬度，应让宝宝慢慢习惯由软变硬的过程。

把食材做成夹杂着柔软块状物的果酱状

若一上来就让宝宝吃需要用舌头搅碎所有食材的断奶餐，容易使宝宝过于疲劳。最初阶段，制作断奶餐的标准是在黏糊糊的食材中夹杂少量柔软的块状物，即将其做成厚厚的果酱状。

这个时期宝宝的样子

- □ 可以稳稳地坐着
- □ 舌头前后、上下都可以活动
- □ 有的宝宝开始长出2颗下前牙

练习吃

待前牙长出后，可以让宝宝做用前牙搅碎食材的练习。将胡萝卜切成3~5毫米厚的圆片，煮至用手指便能轻松捏碎的柔软程度。让宝宝感受一口能吃下的分量、厚度以及硬度，可以促进其咀嚼功能的发育。

这个时期宝宝的吃法

宝宝的舌头除了前后运动外，也能上下运动了。当遇到无法直接吞咽的块状物时，宝宝可以先用舌头将其搅碎再吞咽。

基础食材的软硬标准及大小标准

实物大小

除了可以使用整吞整咽期的食材外，还可以用蛋黄、鸡胸肉等食材制作断奶餐。

- 蛋黄
- 胡萝卜
- 米粥
- 鸡胸肉
- 鱼肉
- 菠菜
- 土豆

 =奶粉或母乳
=断奶餐

将软食和硬食组合在一起

建议每次做断奶餐时,将需努力用舌头搅碎的硬食和轻松便能吞下的软食搭配在一起。最初阶段,3种食物中,仅限将1种做成适合用舌搅碎期吃的硬食。待宝宝习惯后,将硬食增至2种,最后增至3种。如此慢慢推进,宝宝便能轻松接受。

这个时期,宝宝可以吃肉了

由于进入用舌搅碎期后,蛋黄、鸡胸肉、金枪鱼、鲣鱼和鲑鱼等富含蛋白质的食物宝宝均可以吃了,所以食谱可以经常发生变化。经加热的鸡胸肉和鱼都很干,将其煮软、磨碎后,以勾芡的方式制成滑溜状。

营养均衡的简单"杂烩粥"最适合这个时期的宝宝

这个时期,5倍粥(全粥)是主要主食。除了用普通汤汁煮粥外,还可在粥中加入少许适合吃的菜碎,以便让宝宝尽情享受各种不同的味道。若用婴儿食品制作,则能轻松做出丰富多变的断奶餐。

这个时期的具体吃法

待宝宝可以独自坐稳后,坐着的时候应让宝宝的双脚放在床边或餐椅的搁脚板上,以便锻炼腿部力量。

1 一看到汤匙就迫不及待地张大嘴、向前探身,一副想快点吃的模样。

2 闭上嘴后,用上唇将放在下唇的汤匙中的食物裹入嘴中。

3 可以看到嘴唇左右同时伸缩,嘴中正以舌头挤压上颌的方式搅碎食物。

第1章 断奶餐安心推进方法

用舌搅碎期

后半期

这个时期的营养（后半期）

40% 来自断奶餐　　**60%** 来自母乳、奶粉

为了锻炼宝宝咀嚼食物，请用汤匙慢慢往宝宝嘴里送食物

喂断奶餐的一大目的是，让宝宝练习"咀嚼着吃"。在用舌搅碎期，"咀嚼"等同于"用舌头搅碎"。在接着喂下一口之前，请先确认宝宝是否经过数秒咀嚼才把食物咽下。

喂得过多、过快或食物过硬、过软，是宝宝不嚼就吞下的原因

若宝宝嘴中有食物却还接着喂，宝宝便会把未经咀嚼的食物整个吞下。你是不是常常给宝宝嘴里塞满食物？若这样做，宝宝便无法用舌头咀嚼食物。

此外，断奶餐的软硬度和大小不符合现阶段宝宝的发育特点，也是导致宝宝吐食、整个吞咽的原因。请观察宝宝吃食物时的样子，确认他（她）在吞咽食物前是否经过咀嚼。

宝宝用手抓食物，请不要阻止

若让宝宝坐在婴儿专用椅上吃饭，他（她）便会伸手抓汤匙和碗，表现出想自己吃的样子。由于这是宝宝朝自立发展的必经过程，所以即使用手抓食物，也不要阻止。请适度培养宝宝想自己吃的欲望。若此时强硬阻止，将来宝宝就可能会以张嘴等待喂食的被动姿态示人。

与之前一样，尽量不给断奶餐加作料

因为无论是吃调过味还是未调味的，吃久了便会习惯，所以若一直给宝宝吃未加作料的食物，宝宝也能接受。这个时期延续整吞整咽期的做法，继续不加作料，即使加了，也要做成十分清淡的味道。

注意蛋白质的摄入量

由于宝宝的内脏尚未发育成熟，所以这个时期还不善于消化吸收蛋白质。虽说喂多少根据食欲而定，但富含蛋白质的食物还是应控制在适当范围内。

用舌搅碎期富含蛋白质食物的摄入量标准

	前半期	后半期
鱼肉	10克	15克
蛋黄	1小匙起	1/3个
鸡胸肉	10克	15克
豆腐	30克	40克
奶	55毫升	75毫升
磨碎的纳豆	12克	16克
白干酪	14克	19克

＊本表所列的每次摄入量是使用1种食材时的标准量。使用2种食材时，可以各取1/2，不超过总量即可。
＊鸡蛋清容易引发食物过敏，不要喂食过早。

基础食材的软硬标准及大小标准

实物大小

蛋黄　　豆腐　　胡萝卜　　米粥

鸡胸肉　　鱼肉　　菠菜　　土豆

进入牙龈咀嚼期的开始时机

- 可以咀嚼软硬程度如豆腐的块状物
- 1次断奶餐可以吃下1小碗宝宝专用碗装的食物
- 喂宝宝吃切成薄片的香蕉时,他(她)做出用牙龈咬碎香蕉的动作

宝宝饮食时间表范例(一日2餐)

☆ 12点的水果餐,是为即将添加的断奶餐做准备

食谱范例

断奶餐虽然用的是与整吞整咽期相同的食材,但形态发生了很大的变化。

豆腐橙子泥
做法
将30克用热水泡过的嫩豆腐粗粗捣碎后,拌入5克切成小块的橙子果肉。

5倍粥(全粥)
做法
将50克全粥盛入碗中。
(※ 参照14页)

番茄碎末
做法
将15克番茄果肉切成碎末。

燕麦片粥
做法
在15克燕麦片中加入用奶粉冲泡的奶中,将其放在火上煮。待煮沸后,用小火煮3分钟,关火后闷10分钟。

富井千贺子
悠道（8个月）

当宝宝无论如何都不吃蔬菜的时候，是不是可以不喂蔬菜？因为宝宝不怎么咀嚼食物，所以我担心他无法顺利进入牙龈咀嚼期……

宝宝除蔬菜，什么都吃。
"因为断奶餐每次都做很多，吃不完的就放在冰箱里冷冻，所以同一辅食1周内会重复吃。他对此很介意。"妈妈如此说道。

非常喜欢吃断奶餐！但讨厌吃番茄……

宝宝5个月又3周的时候，我开始喂断奶餐。不久之后，他便能吃下5~6匙米粥，南瓜泥和胡萝卜泥以及剁碎的鱼肉也能吃很多。但他非常讨厌吃番茄、西蓝花、菠菜等蔬菜。为此我很烦恼，不知这些常用于断奶餐的蔬菜，是应该花些精力让他吃好呢，还是为了让他不讨厌吃饭，不勉强喂他吃。

可能是因为只稍稍长出了2颗下牙，他吃萝卜等含膳食纤维较多的蔬菜时常常未经咀嚼就整个吞下去，这让我有些担心。每天喂辅食我都在想"什么时候才是进入牙龈咀嚼期的最佳时机"这个问题。

开吃啦！

平时的断奶餐

分别在早上9点和下午2点喂食，每次吃米粥90克、喜欢吃的蔬菜40克、豆腐15克以及不爱吃的蔬菜20克。

但是…

向下阶段推进的时机

有的宝宝会因为正处于长牙阶段而喜欢吃柔软一点的食物。断奶餐的软硬程度和大小，应根据宝宝嘴的活动状态及大便的状态进行调整。若宝宝吃较硬的食物时不嚼便整个吞咽下去，可以按照用舌搅碎期的食物硬度每日喂3次。待上牙长出来后，吃块状的食物便会变得容易很多。

这么大的差别？

同样也是蔬菜，喂南瓜、胡萝卜的时候却如此高兴！"我本人喜欢吃蔬菜，真希望悠道什么都吃……"妈妈如此说道。

不要！

非常不喜欢吃菠菜、西蓝花、番茄。刚吃一点儿便用手阻止，且此后不再张嘴。

断奶餐 小故事1

悠道的断奶餐故事

5个月21天开始 — 一日1餐 — 吃1匙米粥

5个月28天（第2周）— 吃5~6匙米粥，近1匙蔬菜（胡萝卜或南瓜、白萝卜等，一天一换）

6个月12天（第4周）— 吃70~90克米粥 + 10~20克蔬菜 — 顺利♥

6个月19天（第5周）— 讨厌吃！！— 不吃番茄、西蓝花、菠菜等蔬菜

7个月7天（第8周）— 开始一日2餐 — 每次吃米粥50克+喜欢吃的蔬菜40克+讨厌吃的蔬菜20克+豆腐15克

8个月8天（第12周）— 不知应何时向牙龈咀嚼期推进……

曾试着拌入他喜欢吃的蔬菜

妈妈曾尝试将他讨厌吃的番茄与他最爱吃的南瓜混在一起喂，但以失败告终。妈妈说："试过拌入米粥或勾芡等方法，统统不行。无论怎么做他都不吃。"

暂时先喂他爱吃的蔬菜，可行吗？

悠道并非讨厌所有蔬菜，他每次吃胡萝卜、南瓜、白萝卜等蔬菜都吃得很多。接下来是暂时先喂他爱吃的蔬菜，还是应该帮他努力克服番茄、西蓝花、菠菜的障碍，妈妈为此很烦恼。

from Doctor

✚ 可加入宝宝喜欢吃的食物，可以促进宝宝进食

宝宝最怕辣味、苦味和酸味。带苦味和酸味的蔬菜可以通过加热煮出甜味，或将其与带甜味的水果、米粥混拌一起。这样宝宝便能轻松吃下。菠菜等含较强涩味的蔬菜，则可以先焯去苦味再烹制。

✚ 在烹饪方法上多下功夫

富含膳食纤维的蔬菜以及干巴巴的肉和鱼，是宝宝讨厌吃的食物，因为它们难以下咽。做这些食材时，应在烹饪方法上多下功夫，如将其磨成碎末、勾芡，或与米粥混拌一起等。建议大家多多使用辅食机等。

✚ 暂停几天后再尝试

即使有不喜欢吃的蔬菜，便没有问题。只要可以吃其他蔬菜，便没有问题。需注意的是，宝宝的喜好会随时发生变化，今天不吃的食物，可能过几天便能吃下。可常常把宝宝不喜欢吃的食材加入食谱中，努力为宝宝爱上这种食材创造机会。

第1章 断奶餐安心推进方法

牙龈咀嚼期（9~11个月）

这个时期的营养（前半期）

60%～65% 来自断奶餐　　40%～35% 来自母乳、奶粉

前半期

断奶餐升级为一日3餐，宝宝从断奶餐中摄取一半以上的营养

在原来每天2次断奶餐的基础上，再增加1次断奶餐。在宝宝习惯每日吃3次断奶餐之前，请减少其中一次断奶餐的分量，按照两次半的分量喂食。

不要大幅度增加硬度，应让宝宝慢慢习惯硬度的变化

由于宝宝用牙龈嚼碎食物的力量还十分弱，所以最好制作比用舌搅碎期稍硬一点、稍大一点的食物。需注意的是，切不可突然大幅度增加硬度。为了防止宝宝过于疲惫，米粥还是用舌搅碎期的5倍粥，只需将之前的80克调整为90克。软硬度以香蕉为标准。

这个时期宝宝的样子

□ 能扶着东西站起来
□ 舌头可以前后、上下、左右活动
□ 想用手大把抓东西
□ 有的宝宝开始长出上前牙

这个时期宝宝的吃法

这个时期，宝宝嘴部的肌肉开始发育，舌头不仅可以前后、上下活动，还能左右活动。无法用舌头搅碎的食物，宝宝会将其送到左右两侧，用牙龈嚼碎着吃。

练习吃！

让宝宝做用前牙咬断食物的练习！将切成6~9毫米厚的胡萝卜片煮至稍用力便能捏碎的软硬程度。这样宝宝便能边用前牙牙龈感受食物的厚度、硬度以及一口量，边做咬断食物的练习。

基础食材的软硬标准及大小标准

实物大小

蛋黄　豆腐　胡萝卜　米粥
鸡胸肉　鱼肉　菠菜　土豆

条块状食物最适合给此时的宝宝吃

在牙龈咀嚼期，用前牙咬下一口后用牙龈便能嚼碎的迷你型小米蕉，是练习牙龈咀嚼能力的最佳食物。若使用普通大小的香蕉，应先切成块状。

绝大部分食材都可以用于断奶餐中

这个时期，绝大部分食材都可以喂宝宝吃了。鳕鱼、秋刀鱼、沙丁鱼、牡蛎等鱼贝类都可以用于断奶餐中。请用新鲜的鱼贝类食材。此外，宝宝也可以吃鸡肝、牛肉、猪肉。请选择含脂肪少的瘦肉。

不要为宝宝的挑食、喜好无常担心

宝宝的饮食喜好常常发生天翻地覆的变化。比如之前喜欢吃的食物突然不吃了，或之前讨厌吃的食物现在可以吃很多，等等。宝宝之所以在某个时候讨厌吃某种食物，大多是因为食物不易吞咽。不要认为宝宝不吃便是"讨厌"这种食材，请试着改变烹饪方法吧！若改变烹饪方法也无济于事，则可以先观察观察再说，不必强迫宝宝吃。

这个时期的具体吃法

请允许宝宝用手抓着吃。宝宝用手拿着香蕉或条状蔬菜吃，可以很快记住一口量。食材除了可以切成方便用汤匙喂食的碎末状外，还可以切成各种各样的形状。

使劲用前牙咬

宝宝正用前牙咬宝宝专用煎饼。吃多了便吐出来，吃少了便补一口，宝宝凭经验记住一口量。

正在努力地咀嚼

由于无法用舌头搅碎，宝宝便将其挪至左侧咀嚼，表情很认真。嘴唇正歪向左侧。

第1章 断奶餐安心推进方法

牙龈咀嚼期
后半期

这个时期的营养（后半期）

70% 来自断奶餐　　**30%** 来自母乳、奶粉

宝宝常常用手抓着吃，请重视宝宝想自己吃东西的积极性

不少妈妈一到断奶餐时间就发愁，因为宝宝爱边吃边玩，总是把食物弄得到处都是。其实，最头疼的还在后头，尽量多采取一些对策应对吧！请将宝宝的这种行为视为其茁壮成长的证明，

请制作方便宝宝用手抓着吃、边吃边玩的断奶餐

用手抓着吃东西可以锻炼宝宝用眼睛确认食物、用手指抓食物、将食物送入嘴中的运动协调能力。而且，咀嚼能力也能得到锻炼。请妈妈尊重宝宝想自己吃的积极性，多制作一些方便宝宝用手抓着吃且不会四处散乱的断奶餐。一般，焯熟的蔬菜条和迷你饭团是常备品。此外，可以采取一些应对脏乱的对策，如预先在地板上铺一张纸等。请笑着与宝宝一起享受断奶餐时间吧！

一日3次的就餐时间即将与大人同步

这个时期的宝宝，吃早饭、午饭和晚饭的时间马上就可以和大人同步了。为了不打乱建立起来的生活节奏，请一点点地改变就餐时间。让宝宝和大人一起围坐在餐桌边吃饭，不仅可以增添很多快乐，还方便妈妈将大人的饭菜匀给宝宝吃。

让宝宝练习自己拿杯子

请让宝宝先练习拿小酒杯等小杯，再练习拿普通大小的杯子。这个阶段的宝宝还拿不好杯子，1岁后可以自己拿杯子喝奶是我们的目标。需注意的是，尽量让宝宝喝母乳或奶粉到1岁以后。

基础食材的软硬标准及大小标准

实物大小

鸡蛋　豆腐　胡萝卜　米粥

鸡胸肉　鱼肉　菠菜　土豆

进入自由咀嚼期的开始时机

- 早、中、晚三餐，都能好好地吃
- 如香蕉般软硬的食物，可以用牙咬碎
- 有时自己用手抓着吃

宝宝饮食时间表范例（一日3餐）

7:30 早饭 + 想喝就给
10:00 奶粉或母乳 + 水果
12:30 午饭 + 想喝就给
15:00 不给也无妨
18:30 晚饭 + 想喝就给
22:00

=断奶餐　=奶粉或母乳　=口味清淡的点心　=水果、果汁

食谱范例

虽然与用舌搅碎期相比，不论是硬度还是大小都有所增加，但无论制作哪种食物，都应以宝宝能接受为标准。在断奶餐中加入水果，可以让营养更加均衡。

第 **1** 次
- 橙味豆腐
- 番茄碎
- 硬粥

第 **2** 次
煮烂面条

煮烂面条
做法
将煮熟的60克面条加入稍盖过面条的汤汁、10克磨成碎末的胡萝卜、10克切成粗碎末的秋葵，将其煮软。

第 **3** 次
苹果汤

土豆奶汁烤菜

番茄碎
做法
将20克番茄果肉切成5毫米大小的碎末。

橙味豆腐
做法
将45克豆腐切成小块，蒙上保鲜膜，用微波炉加热1~2分钟。最后浇上10克磨成碎末的橙子。

硬粥
做法
将70克硬粥盛入器皿中。开始阶段可以用90克5倍粥代替硬粥。

苹果汤
做法
将10克苹果切碎后，加少许水煮软。

土豆奶汁烤菜
做法
将85克土豆煮软，粗粗捣碎；10克胡萝卜和10克西蓝花煮软，切成粗碎末。接着拌入1/2杯婴儿奶油，放入烤箱略烤即可。

第1章 断奶餐安心推进方法

不仅食量小，还偏食。怎么也进入不到下一阶段

手冢久美子
玲娜（10个月）

玲娜宝宝不吃妈妈做的断奶餐，独爱面包边和酱汁配料。
因此，妈妈制作断奶餐的热情不太高。
"长了4颗牙，喂奶的时候有些疼，真希望她能早点习惯以断奶餐为主的生活。"妈妈如此说道。

若和妈妈一起吃，可以吃少量

妈妈说："虽然有些麻烦，但我一般同时准备玲娜和大人的饭菜，让她和我们一起坐在餐桌边吃饭。一起吃后，她可以每次都吃一点。可能是大家一起吃饭的氛围比较好吧。"

妈妈亲手制作的豆腐肉丸，刚喂进嘴里就马上吐了出来。妈妈说："她也不吃鱼肉，她讨厌所有含蛋白质的食物。"

我讨厌吃肉

喂断奶餐已5个月，食量却没有增加

经常喝母乳的她，虽然知道断奶餐也是食物，但就是不吃。最初喂10倍粥，喂了一个月才能一次吃一匙多。胡萝卜、菠菜等蔬菜糊，到现在也只能吃不到一匙。南瓜和红薯，喂第二口便不再张嘴。到第8周的时候，我曾尝试喂鸡胸肉和自己做的肉丸，结果她全吐了出来。

因为她不怎么吃，所以我也失去了制作断奶餐的热情。但想着"不能错过每一个吃饭的机会"，我还是每天都喂，即使只喂一口。渐渐地，我发现她喜欢吃面包边和酱汁配料等可以用手抓着吃的东西。另外，若我同时准备了大人和她的饭食，她就能吃得更多一些。

即使到了现在，每餐她也只能吃一匙多米粥和不到一匙的蔬菜，饭量十分小。我眼下的烦恼是，按照她这种状态，是否应该将每日2餐变为每日3餐。

最爱母乳

当宝宝因不想吃断奶餐而哭闹的时候，妈妈一般先喂奶，再喂断奶餐。妈妈说："虽然顺序颠倒了，但只有这样她才肯平静地吃断奶餐。明知道这样下去，她会越来越不爱吃断奶餐，但一看到她哭，我就……"

断奶餐 小故事 2

玲娜宝宝的断奶餐故事

6个月8天 开始 — 一日1餐 — 1匙米粥 没吃

6个月15天（第2周）— 1匙米粥、1匙胡萝卜 没吃

6个月29天（第4周）— 一匙多米粥 终于吃了

7个月13天（第6周）— 开始一日2餐 — 不吃红薯、土豆、南瓜…… 吃了不到1匙的菠菜

7个月27天（第8周）— 不吃含蛋白质的食物 喜欢用手抓着吃 每次吃一匙多米粥、10厘米面包边、不到1匙的菠菜

11个月 — 计划开始每日喂3次

让她吃喜欢吃的食物或用手抓着吃，便能增加食量！

她喜欢用手抓着吃酱汤配料（胡萝卜、白萝卜、芋头）、面包边、面条。妈妈说："虽然让她吃她喜欢的食物可以增加食量，但我总觉得种类有点少。"

匀出宝宝的食物

from Doctor

✚ 控制母乳量或奶粉量

牙龈咀嚼期以后，断奶餐便是宝宝摄取营养的主要食物来源。请不要用母乳或奶粉喂饱宝宝，喂奶应放在餐后。10个月以后依然不怎么吃断奶餐的宝宝，建议增加断奶餐的喂食量。

✚ 让宝宝看大人吃饭

宝宝看到父母正在吃的样子，就会觉得"这是可以吃的东西"，从而放心地吃。若宝宝一看到妈妈吃饭就会饶有兴趣地伸手要，可以喂宝宝吃弄碎的饭菜，让他（她）尝尝味道。这个时期可以喂宝宝吃少量加过作料的食物。

✚ 让宝宝在固定时间进食

每天在固定时间进食，可以让宝宝形成自己的饮食规律。如此一来，每次在吃断奶餐前，宝宝的身体便会预先分泌出消化酶，通过消化酶消化，宝宝便会有空腹感，产生食欲。待至每日3餐后，请尽量调整就餐时间。

自由咀嚼期（12~18个月）

前半期

这个时期的营养（前半期）

75% 来自断奶餐　　**25%** 来自母乳、奶粉

让宝宝尝试各种硬度和口感的食物，以便锻炼其咀嚼能力

宝宝咬碎食物的力量变得越来越强。这个时期，宝宝想自己吃的积极性很高，妈妈应多做一些用手抓着吃的食物，让宝宝练习用汤匙吃饭吧！

当嘴可以自由活动时，请培养宝宝的咀嚼能力和调整能力

不同食物的形状和口感各不相同。为了让宝宝掌握按照食物的硬度、形状改变咀嚼方法的调整能力，请将各种各样的食材用于断奶餐中。

这个时期宝宝的样子

- □ 开始蹒跚学步
- □ 舌头可以自由活动，嘴部肌肉很发达
- □ 开始想用汤匙和叉子
- □ 1岁左右时，上下颌前牙逐渐长齐

练习吃！

将胡萝卜切得比牙龈咀嚼期更厚一些，让宝宝做用前牙咬断一口量的练习吧！可以根据宝宝的咀嚼能力，将胡萝卜切成1~2厘米厚的圆片。建议将胡萝卜煮至稍用力便能用汤匙边缘将其切开的软硬程度。

这个时期宝宝的吃法

虽然嘴已能像大人一样活动，但咀嚼能力还远远不够。这个时期，应让宝宝掌握通过改变咀嚼方法吃下不同形状和口感的食物的调整能力。

基础食材的软硬标准及大小标准　　实物大小

鸡蛋　　豆腐　　胡萝卜　　米粥

鸡胸肉　　鱼肉　　菠菜　　土豆

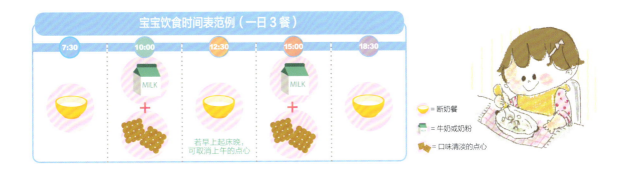

以练习用手抓着吃为主，偶尔练练怎么拿汤匙

这个时期，宝宝即使想自己拿汤匙吃饭，也吃不好。实际上，宝宝绝大多数时间还是得用手抓着吃。在用手抓着吃已练得非常熟练后，可以让宝宝做做拿汤匙吃饭的练习。练习用汤匙吃饭时，应用稍大一点的碗装食物。若在食物上浇一层黏糊糊的芡汁，则更方便宝宝捞取。记住：汤匙不能当作帮宝宝记住一口量的练习道具。待宝宝可以灵活使用汤匙后，再让他（她）用汤匙吃饭。

用同类食材代替宝宝不吃的食材

当宝宝挑食时，请坦然面对。若有不论怎么做也不吃的食材，可用同一营养类别的其他食材代替。

喂母乳还是喂奶粉得看具体情况

没有必要强行断母乳。不过，一天最多喂3次。餐后无需喂母乳。

但是，如果宝宝只想喝母乳，且体重和食量都不增加，就应断奶。一旦断奶，宝宝就有欲望吃断奶餐，宝宝和妈妈也能变轻松很多。

这个时期的具体吃法

这个时期，既有只会用手抓着吃的宝宝，也有已多少会用汤匙的宝宝，每个宝宝的情况都不一样。为了培养宝宝自己吃饭的能力，除了提供必要帮助外，妈妈尽量不要插手。

① 将食物挪至碗边后试着用汤匙将其舀起，但怎么也舀不上来。最后改用手抓着吃。

② 自己拿着香蕉，先咬下一口，再用力咀嚼。吃香蕉的样子很从容。

③ 吃到中途便开始站着吃。吃饱后，将双手合在一起，表示"我吃完了"。

自由咀嚼期

后半期

这个时期的营养（后半期）

- 80% 来自断奶餐
- 20% 来自母乳、奶粉

让宝宝每天好好吃3顿饭，在1.5岁前完成断奶

每个宝宝的个性都不一样，既有吃什么都很有食欲的宝宝，也有吃东西很谨慎且进度很慢的宝宝。不要过于着急，只要在1.5岁前完成断奶即可。

增加美味度和欢快感，让宝宝在快乐中就餐

完成断奶的标准，大致可以分为以下两点：①吃有形状的食物时，宝宝先用前牙咬断，再用牙龈或槽牙咬碎；②身体所需营养的大部分都从饭菜中摄取。总之，若宝宝每天好好吃3顿饭，可以喝下300~400毫升用奶粉冲泡的牛奶或鲜牛奶，便可以确认断奶已完成。

尽量为宝宝营造欢快的就餐氛围，如让宝宝尝试新口味、新口感的食物，用五颜六色的漂亮餐具盛食物等。把宝宝培养成为爱吃饭的孩子。

和大人一样，宝宝的进食量因人而异

宝宝和大人一样，既有大食量的人，也有小食量的人。若身体健康，体重也顺利增长，便可以认为进食量正常。

即使宝宝长到一岁多，饭菜口味也应清淡

将大人饭菜匀给宝宝吃的次数一多，就容易让宝宝记住大人饭菜的浓重味道。即使宝宝长到一岁多，也应喂十分清淡的饭菜。面包、黄油和奶酪等食材均含有盐分，因此建议做主食时不放盐。

点心以补充营养为目的

1岁前，无需喂点心。1岁后，宝宝进食量虽然不大，但活动量很大，因此容易出现营养不良的情况。1岁之后可以喂点心补充营养。

如果早中晚三顿饭都与大人同步，每顿饭之间就有很长的间隔。因此，可以在这个间隔期喂宝宝点心。若早饭较早，点心可以喂两次，上午和下午各一次。若早饭较晚，下午喂一次即可。定好喂食时间后，准备一些不会影响吃正餐的清淡点心。

基础食材的软硬标准及大小标准

实物大小

- 鸡蛋
- 豆腐
- 胡萝卜
- 米粥
- 鸡胸肉
- 鱼肉
- 菠菜
- 土豆

告别断奶餐的时机

■ 好好吃3顿饭，所需营养的大部分从饭菜中摄取

■ 可以先用前牙咬断食物，再用牙龈咬碎着吃

■ 若可以喝下1杯牛奶或用奶粉冲泡的牛奶，则更为完美

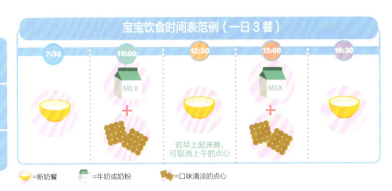

宝宝饮食时间表范例（一日3餐）

7:30 / 10:00 / 12:30 / 15:00 / 18:30

若早上起床晚，可取消上午的点心

=断奶餐　=牛奶或奶粉　=口味清淡的点心

食谱范例

早中晚三餐再加点心，无论哪一餐，看起来都与大人的食谱差不多。但是，宝宝的饭菜不仅味道应保持清淡，脂肪也不应超标。

早饭

软饭

做法
将90克软饭盛入器皿中。

番茄橙子沙拉

做法
将30克番茄果肉切成小块，拌入1/4小匙油和少许柠檬汁后，将10克切成小块的橙子果肉铺在番茄上。

煎豆腐

做法
用油将50克豆腐煎成焦黄色。

番茄橙子沙拉 / 软饭 / 煎豆腐

点心

牛奶泡水果玉米片

做法
在10克玉米片中加入切成小丁的哈密瓜，浇上2大匙牛奶。

午饭

水果三明治卷

做法
准备3片三明治面包（40克），在每一片上分别放上磨成碎末的10克猕猴桃等水果和15克煮软的南瓜、2/3片切片奶酪后，将其卷成卷，用保鲜膜包上。待形状固定后，对半切开。

蔬菜汤

做法
将15克胡萝卜和洋葱等蔬菜切成细丝后，加水煮熟。

蔬菜汤 / 水果三明治卷

晚饭

番茄口蘑面

做法
将40克面条折成方便食用的大小，焯软。将30克番茄果肉和5克口蘑切成粗碎后，加入1小平匙油翻炒。之后先加入面条翻炒，再加入少许水。待炒软后，加入1小匙番茄酱调味。

水果沙拉

做法
将12克经滤网磨碎的白干酪、50克原味酸奶拌入10克葡萄和橙子中。

水果沙拉 / 番茄口蘑面

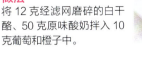

幼儿期

从完成断奶至3岁

这个时期的营养
- 20% 来自点心
- 80% 来自每日三餐

断奶期的延续，继续培养宝宝的咀嚼能力

请记住，这个时期还应让宝宝吃控制脂肪和盐分的饭食。建议以配有主食、主菜、副菜的口味清淡的食谱为中心，为宝宝制作一日三餐。

这个时期宝宝的样子

- □ 走路走得稳
- □ 嘴能像大人一样活动
- □ 可以拿着汤匙和叉子吃饭
- □ 1.5岁左右，长出第1颗乳臼齿
- □ 2.5~3岁，所有牙齿长齐

这个时期宝宝的吃法

一旦长出槽牙，宝宝便能通过咀嚼将食物磨碎。这个时期，宝宝开始用前牙咬断食物、用牙咬碎硬物。

这个时期的具体吃法

若宝宝已能用汤匙吃饭，记得住一口的分量，闭上嘴后可以好好地吃，可以让宝宝挑战下叉子。不过，叉子不能当作宝宝闭嘴咀嚼食物的练习工具。

1 "用汤匙试试看"
为了不把酸奶弄洒，轻轻地舀起一勺，表情很认真。他相信自己可以做到。

"这个切不开啊！"

2 宝宝最爱吃的牛肉饼有点大。想用叉子切开，却怎么也切不开！

"蔬菜，给你！"

3 不爱吃的蔬菜，不要！不仅表情坚定，意思表达得也很清楚。

第1章 断奶餐安心推进方法

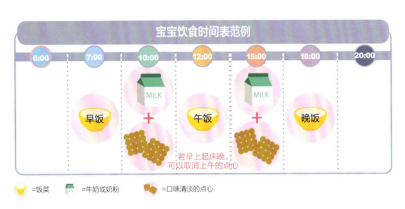

完成断奶至 3 岁的每日食物构成及分量标准表

本表列出了各种营养素的每日标准摄入量及含有对应营养素的食物。这里列出的食物包含一日三餐以及点心。若每天都能不多不少地全部吃下，则堪称完美。

	食物	一日量（克）标准量	
富含蛋白质的食物	乳制品（牛奶）	300~400	1.5~2 袋牛奶
	蛋类	30	1/2 个鸡蛋
	鱼贝类	30	若是竹荚鱼，则为 1/2 片
	肉类	30	1 片薄片肉
	坚果类	5	若是芝麻，则为 1 小匙
	大豆及豆制品	30	若是纳豆，则为 3/4 包
富含维生素和矿物质的食物	黄绿色蔬菜	90	1/3 根胡萝卜 +1 大棵菠菜
	浅色蔬菜	120	1 个苤蓝 +1 片白菜
	菌类	5	适量
	藻类	2	若是海苔，则为 1 片
	水果类	100	若是草莓，则为 6~7 个
富含热量的食物	谷类（米饭）	80	宝宝专用碗 1 小碗
	谷类（面包）	50	8 片装切片面包，则为 4~5 片
	薯类	40	1/2 个红薯
	白糖类	5	1/2 大匙
	油脂类	10	1 大匙
软硬标准·大小标准		做成宝宝能用前牙咬断、用槽牙嚼碎的软硬程度。大小以不能整个放进嘴里、呈扁平状为标准	
吃法		手抓着吃 ➡ 用汤匙	

继续培养宝宝的咀嚼能力

幼儿期的饮食可以分为两个阶段：3 岁前为前半期，3 岁至5岁为后半期。由于宝宝的咀嚼能力尚未发育完全，所以妈妈应将食物煮得软一些，比如含膳食纤维较多的蔬菜应充分加热，肉类则应切粗末或小块。与断奶期一样，这个时期还不能让宝宝吃生鸡蛋、生鱼片等未经煮熟的食物。此外，这个阶段的宝宝免疫力有限，应特别注意饮食卫生。

让宝宝多用汤匙吃饭

想要培养宝宝根据食物形状改变咀嚼方式的调整能力，关键是要让宝宝练习"用前牙咬断食物"以及"用嘴唇将食物卷进嘴中"。此外，让宝宝自己用汤匙吃饭，也是重要的一步。如果大人为避免洒落食物或弄脏某处而选择喂宝宝吃，他们将丧失培养调整能力的机会，从而无法掌握正确的饮食方法。

食谱范例（一日3餐+上下午点心）

建议从富含钙质的早饭开始新的一天。最好每餐都是有蔬菜。
请以主食不含盐分、宝宝不会吃腻为标准来设计食谱

第1章 断奶餐安心推进方法

米饭　豆腐酱汤
炒小沙丁鱼　凉拌芦笋

早饭

炒小沙丁鱼

材料
小沙丁鱼干	5克
海带	10克
胡萝卜	10克
香油	少许

做法
1. 海带泡开后切成小片，胡萝卜切成薄片。
2. 加热平底锅，倒入香油，放入小沙丁鱼干和胡萝卜翻炒。待炒软后加入海带、水，翻炒至汁液消失。

凉拌芦笋

材料
芦笋	20克
干松鱼薄片	少许
酱油	少许

做法
芦笋焯好后，切成方便食用的大小，加入干松鱼薄片、酱油即可。

豆腐酱汤

材料
豆腐	20克
金针菇	5克
大酱	5克

做法
1. 豆腐切成小块。
2. 金针菇切长段。上述食材放入水中稍煮片刻，放入大酱调匀。

上午点心

草莓牛奶

做法
将3大匙牛奶淋在3~4颗草莓上，让宝宝边捣碎边吃。可根据个人喜好加入少许蜂蜜等。（1岁以上的宝宝可以吃蜂蜜）

下午点心

酸奶奶昔

做法
将1/3杯酸奶、1/4杯牛奶和1小匙蜂蜜放入密闭容器中，盖上盖后，充分摇晃即可。

午饭

红薯碎汤　蔬菜鸡蛋饭

蔬菜鸡蛋饭

材料
米饭	100克
圆白菜	30克
西蓝花	25克
A（1个搅好的鸡蛋，2小匙牛奶，1小匙奶酪粉，少许盐）	

做法
1. 圆白菜切成小片，西蓝花切成小朵后，一起放入锅中焯软。
2. 将A混拌后倒入耐热碗中，拌入焯好的蔬菜和米饭。
3. 蒙上保鲜膜，用微波炉加热40秒。将所有食材搅拌均匀后，继续加热30秒，并再次搅拌。若鸡蛋里生外熟，可再加热片刻。

红薯碎汤

材料
红薯	30克
红椒碎	少许
水淀粉	少许

做法
1. 将红薯削去皮，切成片，用水浸泡并沥干水分。
2. 将水和红薯片倒入锅中煮软后，闭火，捣碎。
3. 再次开火，倒入水淀粉勾芡，撒上红椒碎。

晚饭

口蘑炖鱼

材料
鱼肉	30克
土豆	20克
口蘑	10克
洋葱	15克
豌豆	10克
面粉	少许
牛奶	1/4杯
盐	少许
黄油	2克

做法
1. 鱼肉切成一口大小，裹上面粉；土豆切成小月牙状；口蘑切成小朵；洋葱切成碎末。
2. 在锅中化开黄油后，放入鱼肉翻炒片刻。盛出后，放入土豆和洋葱翻炒，待炒软后，放入口蘑，加盐，用中火煮至口蘑变软，接着加入鱼肉和豌豆煮2分钟。最后倒入牛奶，在即将煮沸前闭火。

圆白菜丝汤

材料
圆白菜	20克
盐	少许

做法
将水煮沸后，倒入切成细丝的圆白菜，将其煮软，调入盐即可。

胡萝卜橙子沙拉　口蘑炖鱼

胡萝卜橙子沙拉

材料
胡萝卜	20克
橙子	1/2个
A（1大匙橙子汁，盐和白糖各少许）	

做法
1. 胡萝卜去皮，切成薄片，放入沸水中焯软；橙子去皮，切成小块。
2. 将A混拌均匀后，拌入胡萝卜和橙子中。

第2章

不同时期宝宝最喜爱的食谱

只要掌握了窍门,制作断奶餐便是一件非常简单的事。
本章节是备受宝宝喜爱的美味食谱大集合。
制作断奶餐时,可作为参考。

整吞整咽期 5~6个月

第1个月是让宝宝习惯断奶餐的时期。
这个时期，不用考虑食物搭配，让宝宝先吃1种食物

富含碳水化合物的食谱

这个时期的推荐食材

- 米粥
- 土豆
- 红薯（6个月开始）
- 香蕉（6个月开始）
- 面包（6个月开始）
- 米粉

※ 食谱中所列出的克数，只是推荐分量。喂食量可做调整。※ 香蕉虽是水果，但含糖分较多，可以当作富含碳水化合物的食材用于断奶餐中。

苹果粥

材料
- 米饭 ………… 15克
- 苹果 ………… 1/10个

做法
1. 苹果削皮、去核后，放入水中浸泡以防苹果变色。
2. 将米饭切成碎末，加入1/2杯水，将其煮软。趁热用滤网将其磨碎（一旦冷却，米饭就会变硬，不易研磨）。待热气散去，将步骤1的苹果磨入碗中，与米饭搅拌均匀（如照片所示）。

番茄浇白粥

材料
- 番茄 ………… 10克
- 10倍粥 ………… 20克

做法
1. 番茄去皮、去子，将番茄捣成滑溜状（如照片所示），以避免出现块状物。
2. 用微波炉加热30秒后，拿出搅拌一下。之后再加热1分钟，将番茄汁液煮干。最后，将其浇在磨碎的粥上。

妈妈的经验之谈　初期，我花了很长时间才把米粥磨成滑溜状。后来我发现，用煮粥模式将米粥煮好后，用搅拌器搅拌一下即可，无需

5～6个月　富含碳水化合物的食谱

米粥

材料
米饭 ………… 10 克
水淀粉 ………… 少许

做法
1. 米饭（冷饭）切成碎末，装入耐热器皿中，倒入 1/3 杯水，用微波炉加热 1 分钟。
2. 用滤网将步骤 1 的米粥磨碎（或捣碎）。
3. 将米粥倒入小锅中加热，待煮沸后用水淀粉勾芡（如照片所示）。

南瓜粥

材料
5 倍粥 ………… 10 克
南瓜 ………… 10 克

做法
1. 将 5 倍粥磨成滑溜状，加入开水，使之稀释成糊状。
2. 南瓜去皮，用保鲜膜包上，放入微波炉中加热 1 分钟。用手指将南瓜揉成滑溜状后（如照片所示），加入步骤 1 中，将全体混拌均匀。

用滤网过滤，非常轻松。（东京都　优子妈妈　宝宝 7 个月）

葡萄土豆糊

材料

葡萄 …………… 5克
土豆 …………… 10克

做法

1. 土豆削皮、煮软后，将其捣成滑溜状。
2. 用滤网将去皮、去子的葡萄磨碎，拌入步骤1中，将其混拌成黏糊状。

土豆糊

材料

土豆 …………… 10克
小番茄 ………… 1个
蔬菜汤 ………… 20克

做法

1. 土豆削去外皮。
2. 小番茄从横向对半切开，剔除子，用滤网以挤压的方式磨碎。
3. 在小锅中倒入蔬菜汤后，将土豆磨入锅中，边搅拌边用小火加热，将其煮至黏糊状。盛入器皿后，放入步骤2的番茄泥。

妈妈的经验之谈　刚开始喂辅食时，宝宝不怎么吃米粥，后来才发现宝宝爱吃面包粥。之后，米粥也能轻松喝下了，这让我松了一口气。

5～6个月 富含碳水化合物的食谱

土豆鱼肉糊

材料

土豆 …………… 30克
鱼肉 ……………… 5克

做法

1. 土豆削皮、切成小块后，放入水中煮。待煮软后，加入鱼肉（如照片所示），煮至鱼肉里外全熟。
2. 将土豆和鱼肉捣碎，用煮汁将其稀释成适宜吞咽的软硬程度。

＊升级为一日2餐后

橙味红薯糊

材料

红薯 …………… 20克
橙汁 …………… 15克

做法

1. 红薯削去皮，放入水中浸泡，以去除表面多余的淀粉（如照片所示）。
2. 浸泡5分钟后，沥干水分，放入耐热器皿中，加入1小匙水，蒙上保鲜膜用微波炉加热1分钟，使其变软。取出后，用滤网磨碎。
3. 用与橙汁等量的凉白开将橙汁稀释后，慢慢倒入步骤2的红薯中，边充分搅拌边将红薯稀释成黏糊状。

＊升级为一日2餐后

（京都府 小惠妈妈 宝宝6个月）

整吞整咽期 5~6个月
富含维生素和矿物质的食谱

这个时期的推荐食材

- 南瓜
- 西蓝花
- 苤蓝
- 胡萝卜
- 菠菜
- 洋葱
- 草莓
- 茄子
- 番茄
- 圆白菜
- 白菜
- 柑橘
- 苹果

第2章 不同时期宝宝最喜爱的食谱

南瓜糊

材料
南瓜 …………… 10克

做法
1. 在耐热器皿中先后放入南瓜和水（如照片所示），蒙上保鲜膜，用微波炉加热1分钟。
2. 趁热用滤网磨碎南瓜，用水将其稀释成黏糊状。

菠菜桃子糊

材料
菠菜（叶尖）… 10克
桃子 …………… 5克

做法
1. 菠菜焯好，放入水中浸泡，以去除涩味（如照片所示）。
2. 菠菜切碎，磨成泥状。
3. 将桃子加入步骤2的菠菜中，将其磨成滑溜状，加入水，将其稀释成黏糊状。

5~6个月 富含维生素和矿物质的食谱

圆白菜土豆汤

材料

圆白菜 ………… 10克
土豆 …………… 10克

做法

1. 圆白菜焯好，切成大片后再切成细丝（如照片所示）。
2. 土豆去皮，切成薄片，放入小锅中煮开，加入圆白菜将其煮软。连带煮汁一起用滤网过滤，盛入器皿中。

胡萝卜红薯糊

材料

胡萝卜 ………… 10克
红薯 …………… 20克

做法

1. 胡萝卜和红薯削去外皮，放入稍没过食材的水中煮，将其煮软。
2. 用滤网过滤步骤1的胡萝卜和红薯（如照片所示），用步骤1的煮汁将其稀释成黏糊状。

整吞整咽期 5~6个月

富含蛋白质的食谱

这个时期的推荐食材

- 鱼肉、鱼干
- 婴儿配方奶粉

鱼汤

材料
- 鱼肉 ……… 5克
- 水淀粉 ……… 少许

做法
1. 将鱼肉和水倒入耐热器皿中,蒙上保鲜膜后,用微波炉加热1分钟(如照片所示)。
2. 用滤网连同汤汁一起磨入锅中,加入2大匙水煮,待煮沸后用水淀粉勾芡。

胡萝卜奶糊

材料
- 胡萝卜 ……… 10克
- 洋葱 ……… 5克
- 奶粉 ……… 10克
- 水淀粉 ……… 少许

做法
1. 将胡萝卜和洋葱去皮、煮软,磨成滑溜状。
2. 奶粉按比例冲好,调入胡萝卜洋葱中,再放入微波炉。
3. 用微波炉加热30秒后,加入水淀粉充分搅拌均匀即可。

★ 若一次煮很多胡萝卜和洋葱,可以将经滤网过滤的剩余部分放入冷冻室保存。

*升级为一日2餐后

妈妈的经验之谈 原先一直以为整吞整咽期可以吃的东西非常少,后来发现,只要宝宝接受度好,能加的辅食种类并不少。(东京都 美)

5~6个月 富含蛋白质的食谱

小沙丁鱼蔬菜糊

材料

菠菜（叶尖）⋯10克
胡萝卜⋯⋯⋯⋯5克
小沙丁鱼干⋯⋯5克

做法

1. 菠菜的叶尖部分焯软；胡萝卜去皮、煮软。
2. 将装了水和小沙丁鱼干的耐热器皿放入微波炉中加热片刻，以去除盐分（如照片所示）。
3. 将所有食材混拌一起后，用擂杵将其捣成滑溜状。若不易吞咽，可用凉白开将其稀释成黏糊状。

鱼肉土豆粥

材料

鱼肉⋯⋯⋯⋯⋯5克
土豆⋯⋯⋯⋯⋯30克

做法

1. 土豆削去外皮，蒙上保鲜膜，用微波炉加热90秒。取出后，将其磨碎。
2. 将鱼肉放在磨碎的土豆上，加入1大匙水，再次放入微波炉中加热20~30秒。取出后，将其磨碎。
3. 若不易吞咽，可用步骤2的煮汁或凉白开将其稀释成黏糊状。

＊升级为一日2餐后

红妈妈 宝宝6个月）

橘味香蕉糊

材料
香蕉 ……… 20 克
橘子 ……… 5 克

用橘汁稀释香蕉，不仅方便吞咽，还能提升美味度。

做法
1. 将香蕉去皮，压成泥；将橘子去皮，取果肉磨碎，过滤。
2. 将香蕉泥和过滤去渣的橘子搅拌均匀即可。

小沙丁鱼苹果糊

材料
小沙丁鱼干 ……… 5 克
苹果 ……… 10 克

做法
1. 将小沙丁鱼干放入开水中浸泡，以去除盐分。取出后，沥干水分。
2. 用微波炉将去皮的苹果煮软后，将其捣碎，加入小沙丁鱼干，将其捣碎成糊。

＊升级为一日 2 餐后

用舌搅碎期 7～8个月

软硬程度以用舌头能搅碎的豆腐为标准。黏糊状食物和柔软的块状食物需搅拌均匀。

富含碳水化合物的食谱

除整吞整咽期推荐的食材外，还有

- 面条
- 玉米片
- 燕麦片
- 芋头

豆腐胡萝卜杂烩粥

材料
- 米饭 …… 25克
- 胡萝卜 …… 10克
- 豆腐 …… 10克

做法
1. 将米饭切成碎末；将胡萝卜去皮、切碎、煮软后，沥干水分；豆腐用热水烫一下。
2. 将步骤1的食材和水倒入耐热器皿中，蒙上保鲜膜后，用微波炉加热1分钟，将全体捣碎并混拌均匀（如照片所示）。

面包鱼粥

材料
- 切片面包 …… 15克
- 鱼肉 …… 10克
- 油菜（叶尖）…… 15克

做法
1. 将面包切成碎末；鱼肉焯好后，剔除鱼皮和鱼刺，用指尖戳碎鱼肉。
2. 将焯好的油菜放入水中浸泡，取出沥干水分，将其切碎。将适量水倒入锅中，待沸后加入上述食材炖煮。

（广岛 佳代子妈妈 宝宝6个月）

米粉乌冬面

材料
乌冬面 ········· 40克
米粉 ··········· 10克

做法
1. 将乌冬面和稍盖过乌冬面的水倒入耐热器皿中，蒙上保鲜膜，用微波炉煮2分钟，以去除盐分（如照片所示）。
2. 沥干水分后，将乌冬面切碎，加适量水，用微波炉蒸煮1分钟，待煮烂后将其粗粗捣碎，拌入米粉。

鱼肉圆白菜乌冬面

材料
乌冬面 ········· 35克
鱼肉 ··········· 10克
圆白菜 ········· 15克
水淀粉 ········· 少许

做法
1. 鱼肉焯好后，沥干水分，剔除外皮和鱼刺，用指尖戳碎。
2. 将焯过的乌冬面切碎；在小锅中加入2大匙开水，将乌冬面煮软，捞出后将其捣碎。
3. 将圆白菜焯好后，沥干水分，切碎。将圆白菜和鱼肉放入步骤2的锅中煮，最后用水淀粉勾芡。

鱼肉西蓝花面

材料
西蓝花 ········· 20克
鱼肉 ··········· 10克
挂面 ··········· 15克
水淀粉 ········· 少许

做法
1. 将西蓝花分成小瓣；鱼肉焯好后，剔除外皮和鱼刺，用指尖戳碎；将挂面用手掰成1~2厘米长（如照片所示）。
2. 将西蓝花放入沸水中焯一下，取出后将其切碎。在小锅中倒适量水煮沸，倒入西蓝花、鱼肉、挂面炖煮，最后用水淀粉勾芡。

> 妈妈的经验之谈　用电饭煲煮饭的时候可以放入一些蔬菜！只需用铝箔纸包住，蔬菜便能煮软。比用锅煮菜轻松多了。（岐阜县 宫古妈妈）

三文鱼菜花燕麦粥

材料
- 燕麦片 …… 10克
- 三文鱼 …… 10克
- 菜花 …… 20克
- 水淀粉 …… 少许

做法
1. 锅中水煮沸后,加入燕麦片,边搅拌边煮;三文鱼焯好后,剔除外皮和鱼刺,用指尖戳碎。
2. 菜花取花蕾,放入沸水中焯一下。将三文鱼和菜花倒入步骤1的小锅中炖煮,煮好后用水淀粉勾芡。

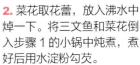

红薯洋葱糊

材料
- 红薯 …… 40克
- 洋葱 …… 20克
- 小沙丁鱼干 …… 3克
- 蛋黄 …… 1/4个
- 水淀粉 …… 少许

做法
1. 将红薯削去外皮,放入水中浸泡;将洋葱切成碎末;小沙丁鱼干用开水泡去盐分后,切成碎末。
2. 将红薯和洋葱煮软。
3. 将红薯捣碎后,加入小沙丁鱼干、洋葱和打散的蛋液,充分炖煮。
4. 盛入器皿中,浇上用水淀粉做的芡汁。

* 后半期开始

苹果玉米片糊

材料
- 玉米片(原味)10克
- 苹果 …… 20克

做法
1. 将玉米片放入塑料袋中,用手将其揉碎。
2. 将捣碎的苹果和步骤1的玉米片混拌一起,盖上保鲜膜,放入微波炉中加热30~60秒。热好后再闷一会儿。

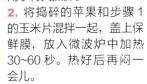

用舌搅碎期 7~8个月

富含维生素和矿物质的食谱

除整吞整咽期推荐的食材外，还有

- 秋葵
- 莴笋
- 扁豆
- 芦笋
- 嫩豌豆（荷兰豆）
- 烤海苔片
- 黄瓜
- 海带

洋葱南瓜泥

材料
洋葱 …………… 15克
南瓜 …………… 5克

做法
1. 洋葱切成碎末；南瓜去皮后切成3~4块；将适量水和洋葱放入小锅中煮，将洋葱煮软。
2. 加入南瓜接着煮（如照片所示），待南瓜煮软后将其捣碎，最后闭火盛出。

土豆西蓝花碎

材料
土豆 …………… 20克
西蓝花 ………… 10克
水煮金枪鱼 …… 5克

做法
1. 将土豆去皮、切成薄片后，浸泡在水中；西蓝花焯好后，切下花蕾的尖端部分。
2. 将1/2杯水、土豆放入锅中炖煮，待土豆煮软后加入西蓝花。
3. 将金枪鱼放在滤网上，用热水浇淋后，加入步骤2中。待全体煮烂后，将其捣成方便食用的大小，最后闭火盛出。

妈妈的经验之谈 当宝宝想自己吃却又不见进展的时候，可以让宝宝拿着汤匙，妈妈趁汤匙不在嘴里时从侧面喂食。如此一来，宝宝就

7~8个月 富含维生素和矿物质的食谱

土豆胡萝卜鱼干

材料
胡萝卜……10克
洋葱……10克
土豆……30克
小鱼干……3~4条

做法
1. 将胡萝卜、土豆去皮，切成小块；将洋葱切成小块；小鱼干用热水泡去盐分，切成碎末。
2. 将1/2杯水和步骤1的食材放入小锅中煮，待煮软后将其捣碎拌匀。

苤蓝鱼肉杂烩粥

材料
苤蓝……20克
菠菜……少许
鱼肉……10克
米饭……25克

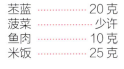

做法
1. 鱼肉焯好后，剔除外皮和鱼刺，用手指戳碎。将1/4杯水放入小锅中煮沸，加入鱼肉和米饭，将其煮软。
2. 菠菜叶焯好后切碎。
3. 将削去外皮的苤蓝磨入步骤1的小锅中。待苤蓝煮软后闭火盛出，放上菠菜碎。

菠菜鸡蛋黄杂烩粥

材料
菠菜（叶尖）……10克
米饭……20克
蛋黄……1/2个

做法
1. 菠菜焯软、沥干水分后，切成碎末；米饭也切成碎末。
2. 在小锅中加水煮沸，加入米饭煮5~6分钟，加入菠菜煮一小会儿。
3. 倒入打散的蛋黄，快速搅拌一下，待蛋黄煮熟后，闭火盛出。

* 后半期开始

圆白菜奶酪面包粥

材料
- 圆白菜 …… 20克
- 玉米 …… 10克
- 白干酪 …… 5克
- 切片面包 …… 15克

做法
1. 圆白菜切成粗末，入水焯一下。待圆白菜焯软后，倒入玉米、经滤网过滤的白干酪，边煮边搅拌均匀。
2. 待煮沸后，加入切成粗末的面包煮一小会儿。盛入器皿后，用汤匙将面包捣成方便食用的大小。

秋葵煮鸡胸肉

材料
- 秋葵 …… 15克
- 鸡胸肉 …… 10克

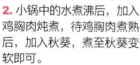

做法
1. 秋葵切去蒂部，去子，切成碎末（如照片所示）；鸡胸肉切成薄片，剁成肉末。
2. 小锅中的水煮沸后，加入鸡胸肉炖煮，待鸡胸肉煮熟后，加入秋葵，煮至秋葵变软即可。

西蓝花蛋黄奶羹

材料
- 西蓝花 …… 15克
- 蛋黄 …… 1/3个
- 奶粉 …… 10克
- 淀粉 …… 少许

做法
1. 西蓝花焯好后，削下花蕾部分并将其切碎；将奶粉冲调好，备用。
2. 将蛋黄和冲好的奶粉混拌一起，加入西蓝花，倒入耐热器皿中。
3. 蒙上保鲜膜，放入微波炉中加热1分钟，取出。
4. 将淀粉加水制成水淀粉，加入步骤3中，并迅速搅拌。

*后半期开始

7～8个月 富含维生素和矿物质的食谱

香蕉拌蔬菜

材料

香蕉 …………… 30 克
胡萝卜 ………… 10 克
圆白菜 ………… 10 克

做法

1. 将去皮的胡萝卜和圆白菜切碎、焯软；用叉子将去皮的香蕉捣碎。
2. 待焯好的蔬菜沥干水分后，与香蕉混拌一起（如照片所示）。

奶酪南瓜苹果沙司

材料

南瓜 …………… 15 克
白干酪 ………… 10 克
苹果 …………… 5 克

做法

1. 将苹果去皮、去核；将水和磨碎的苹果倒入耐热器皿中，蒙上保鲜膜后，用微波炉将其煮软。
2. 用微波炉将加少许水的南瓜煮软，取出后去皮、捣碎；白干酪用滤网过滤后，与南瓜混拌一起，盛入器皿中，浇上步骤1的食材。

用舌搅碎期 7~8个月

富含蛋白质的食谱

除整吞整咽期推荐的食材外，还有

- 扁豆
- 纳豆（磨碎）
- 蛋黄
- 鸡胸肉
- 豆腐

豆腐胡萝卜糊

材料
- 嫩豆腐 …… 30克
- 胡萝卜 …… 20克
- 水淀粉 …… 少许

做法
1. 豆腐用热水烫一下，捣碎，盛入器皿中。
2. 将胡萝卜去皮，切成银杏叶状。将胡萝卜与1/4杯水倒入小锅中炖煮，待胡萝卜煮软后，用水淀粉勾芡。然后将胡萝卜捣碎，与步骤1的豆腐拼成一盘。

奶酪红薯

材料
- 白干酪 …… 20克
- 红薯 …… 20克

做法
1. 红薯去皮，切小块，浸泡以去除涩味。将1/2杯水和沥干水分的红薯放入小锅中炖煮，煮至红薯变软。
2. 加入经滤网过滤的白干酪煮一小会儿，将红薯和奶酪捣碎，闭火盛出。

妈妈的经验之谈　婴儿专用瓶密封性很好，用它保存未用完的粉末或冷冻干燥品非常方便且能防潮。（东京都 阿良妈妈 宝宝7个月）

用舌搅碎期 **7～8个月** 富含蛋白质的食谱

西蓝花蛋黄糊

材料
蛋黄 …………… 1个
西蓝花 ………… 15克

做法
1. 将西蓝花煮软,切成碎末。
2. 用小锅将水煮沸后,加入步骤1的西蓝花炖煮,加入打散的蛋黄,边搅拌边充分加热。

＊后半期开始

纳豆菠菜乌冬面

材料
纳豆 …………… 15克
菠菜 …………… 10克
乌冬面 ………… 35克

做法
1. 将纳豆剁成碎末(如照片所示,放在保鲜膜上操作比较容易清理);菠菜焯好后,用凉水泡一下,沥干水分,切成碎末。
2. 将乌冬面切成碎末后,放入沸水中焯一下。在小锅中将1/4杯水煮沸后,加入乌冬面,待乌冬面煮软后加入步骤1的食材煮一小会儿。

南瓜煮鸡胸肉

材料
鸡胸肉 ………… 10克
南瓜 …………… 15克
菠菜 …………… 5克

做法
1. 菠菜洗净,焯烫后捞出,切碎;鸡胸肉去筋,切薄片,放入沸水中焯一下,舀出少量煮汁,备用。
2. 将鸡胸肉切成碎末后,与菠菜碎、煮汁混拌一起,盛入器皿中(如照片所示)。
3. 将去皮的南瓜蒸熟,捣成泥,浇在步骤2的食材上。

小油菜鱼肉粥

材料
鱼肉 ………… 10克
小油菜 ………… 15克
米饭 ………… 25克

做法
1. 将水和鱼肉一起装入耐热器皿中,用微波炉加热1分钟,取出后沥干水分;小油菜焯好后切成碎末;米饭也切成碎末。
2. 将步骤1的食材和水装入耐热器皿中后,蒙上保鲜膜,用微波炉加热60~90秒。边将鱼肉戳碎边充分搅拌,盖上保鲜膜再闷一会儿。

三文鱼煮白萝卜

材料
三文鱼 ………… 10克
白萝卜 ………… 10克
水淀粉 ………… 少许

做法
1. 将白萝卜切成薄片后切成细丝。
2. 三文鱼焯好后,剔除外皮和鱼刺,用指尖戳碎。将1/2杯水和白萝卜放入小锅中炖煮,待白萝卜煮软后放入三文鱼煮一小会儿,再用水淀粉勾芡。

金枪鱼白萝卜糊

材料
金枪鱼 ………… 10克
白萝卜 ………… 20克
水淀粉 ………… 10克

做法
1. 白萝卜去皮、磨碎后,放入水中炖煮;金枪鱼切成碎末。
2. 待白萝卜变透明后,加入步骤1的金枪鱼,边戳碎鱼肉边煮。之后加入水淀粉,并快速搅拌,使之形成芡汁。

牙龈咀嚼期 9～11个月

请一点一点地增加硬度！
这个时期的饮食讲究软硬搭配，不可操之过急。

富含碳水化合物的食谱

除用舌搅碎期推荐的食材外，还有

- 意式实心面
- 薄煎饼
- 通心粉

鱼肉蔬菜盖饭

材料
- 米饭⋯⋯⋯⋯40克
- 小油菜⋯⋯⋯⋯10克
- 番茄⋯⋯⋯⋯10克
- 鱼肉⋯⋯⋯⋯10克
- 水淀粉⋯⋯⋯⋯少许

做法
1. 小油菜焯好后，将其切碎；番茄去皮、去子后，切成碎末；鱼肉焯好后，剔除外皮和鱼刺，用指尖戳碎。
2. 将米饭切成粗碎末后，加入3大匙水，用微波炉加热1分钟。
3. 将步骤1的食材放入锅中煮沸后，用小火再煮1~2分钟，用水淀粉勾芡，浇在已盛入器皿中的米饭上。

纳豆乌冬面

材料
- 乌冬面⋯⋯⋯⋯60克
- 纳豆⋯⋯⋯⋯15克
- 泡发海带⋯⋯⋯⋯5克
- 荷兰豆⋯⋯⋯⋯5克

做法
1. 用沸水将切成3厘米长的乌冬面煮软、煮去盐分后，沥干水分；将纳豆切成碎末。
2. 将海带切成碎末；荷兰豆去筋、焯好后，沥干水分，切成碎末。海带碎、荷兰豆碎中加入纳豆，将三者混拌一起，浇在已盛入器皿中的乌冬面上。

猪肉胡萝卜炒挂面

材料
- 挂面 …… 20克
- 胡萝卜 …… 15克
- 猪瘦肉 …… 10克
- 水淀粉 …… 5克

做法
1. 将挂面折成3厘米长的小段，放入锅中煮软，用笊篱捞起，过凉，沥干水分。
2. 将去皮的胡萝卜切成短细丝；猪瘦肉去除脂肪，切成碎末。
3. 在平底锅中烧热油后，先加入猪肉和胡萝卜翻炒，再加入挂面翻炒。炒好后，盛入器皿中。
4. 将水淀粉勾成芡，将芡汁浇在面上。

奶酪土豆饼

材料
- 土豆 …… 85克
- 白干酪 …… 10克
- 黄油 …… 1克

做法
1. 将土豆去皮，磨成碎末（如照片所示）。将白干酪拌入土豆中。
2. 平底锅中加入黄油，待化后加入步骤1的土豆糊，将两面煎成金黄色。

红薯鱼丸

材料
- 红薯 …… 60克
- 牛奶 …… 1/4杯
- 鱼肉 …… 10克

做法
1. 将红薯削去外皮，放入水中浸泡，沥干水分后，放入锅中将其煮软，捣碎后加入牛奶搅拌均匀，将红薯煮成黏糊状，待水分煮干后，闭火散热。
2. 鱼肉焯好后切成碎末。将1小匙步骤1的红薯泥和少许鱼肉末先后放在保鲜膜上，卷成丸子状，盛入器皿中。

9～11个月 富含碳水化合物的食谱

西蓝花鸡蛋玉米片粥

材料
- 玉米片 …… 20克
- 鸡蛋 …… 1/2个
- 西蓝花 …… 20克

做法
1. 玉米片放入塑料袋中，将其揉成碎末；打散的鸡蛋倒入平底锅中翻炒，将其炒成鸡蛋碎；西蓝花焯好后，分成小瓣。
2. 在小锅中将水煮沸，加入西蓝花煮软，加入玉米片，煮沸后闭火盛出，放上炒鸡蛋碎。

法式烤面包

材料
- 切片面包 …… 1片
- 胡萝卜 …… 5克
- 西蓝花 …… 15克
- 鸡蛋 …… 1/3个
- 牛奶 …… 20克
- 黄油 …… 少许

做法
1. 胡萝卜去皮、磨碎；小西蓝花焯好后，沥干水分，分成小朵；将胡萝卜、打散的鸡蛋、牛奶混拌一起。
2. 将步骤1的蛋液浇在切去面包边、切成适宜大小的面包片上。待蛋液浸润全体后，将面包片放入已化开黄油的平底锅中，煎烤两面。将面包片盛入器皿中，配上西蓝花。

香蕉蒸糕

材料
- 香蕉 …… 40克
- 胡萝卜 …… 20克
- 面包粉 …… 10克
- 牛奶 …… 20克

做法
1. 胡萝卜去皮、磨碎；香蕉掰小块，放入胡萝卜中（如照片所示）。
2. 将面包粉和牛奶与步骤1的食材混拌一起，将混合物倒入耐热器皿中，蒸锅上汽后蒸5~6分钟。

且手抓着吃很方便，宝宝也很高兴。（东京都 玛丽妈妈 宝宝9个月）

牙龈咀嚼期 9~11个月

富含维生素和矿物质的食谱

除用舌搅碎期推荐的食材外，还有

- ■ 海带
- ■ 菌类
- ■ 豆芽
- ■ 牛蒡
- ■ 莲藕
- ■ 竹笋

南瓜丸子

材料
- 南瓜 …… 15克
- 鸡胸肉 …… 10克
- 米饭 …… 10克
- 牛蒡 …… 5克
- 水淀粉 …… 少许

做法
1. 南瓜淋上少许水，用微波炉加热，取出后撕去外皮，捣成粗碎。鸡胸肉切碎，与南瓜碎、切成碎末的米饭一起拌匀。
2. 将步骤1的混合食材做成丸子后，放入水中炖煮。
3. 将切成薄片的牛蒡煮软，取出后切成碎末。将牛蒡和丸子一起盛入器皿中，浇上经水淀粉勾芡的煮汁。

大力水手炒蛋

材料
- 菠菜 …… 15克
- 洋葱 …… 5克
- 鸡蛋 …… 1/2个
- 黄油 …… 少许

做法
1. 在小锅中煮开水，放入洋葱焯一下，捞出后沥干水分。接着放入菠菜，焯好后用冷水泡一下，沥干水分。
2. 将步骤1的食材分别切成碎末。待黄油在平底锅中化开后，先放入洋葱和菠菜翻炒，再倒入水炖煮，煮沸后倒入打散的鸡蛋充分搅拌。待鸡蛋炒熟后，盛入器皿中。

> 妈妈的经验之谈　苹果磨碎后易变色。我一般是用汤匙边刮边喂给宝宝吃。剩余的苹果可以切成片给大人吃，一点都不浪费。（东京

9~11个月 富含维生素和矿物质的食谱

西蓝花红薯煮鲣鱼

材料
西蓝花 ……… 20 克
红薯 ………… 20 克
鲣鱼 ………… 15 克
水淀粉 ……… 少许

做法
1. 西蓝花焯软后，从根部下刀将其切成薄片；红薯去外皮，切成小块，放入水中浸泡，捞出后沥干水分；将鲣鱼切成小块。
2. 将 1/4 杯水和红薯放入小锅中炖煮，待红薯煮熟后，加入鲣鱼煮至熟，加入西蓝花，煮至汤汁几乎消失后，用水淀粉勾芡。

蔬菜炖鱼

材料
芋头 ………… 30 克
胡萝卜 ……… 10 克
鱼肉 ………… 15 克
羊栖菜 ……… 5 克
水淀粉 ……… 少许

做法
1. 将芋头和胡萝卜去皮，切成小块；鱼肉洗净，切成小块。小锅中水煮开后，先焯胡萝卜，再焯芋头和鱼肉，最后放入羊栖菜。焯好后将食材捞出。
2. 羊栖菜沥干水分后，将其切成粗碎。
3. 小锅中放入芋头、胡萝卜、鱼肉和羊栖菜炖煮，用水淀粉勾芡。

纳豆拌烤茄子胡萝卜

材料
茄子 ………… 10 克
胡萝卜 ……… 10 克
纳豆 ………… 15 克
海带 ………… 1 克

做法
1. 将茄子用铝箔纸包上后，放在烤架上烤 5 分钟，冷却后撕去外皮，将茄子切成碎末。
2. 将水和已去皮的胡萝卜放入小锅中，将胡萝卜煮软，取出后切成碎末；纳豆用菜刀拍碎；海带先用水泡开，再切成碎末。将所有食材盛入器皿中，混拌均匀。

芝麻酱拌圆白菜鸡肉

材料
- 圆白菜 …… 20克
- 鸡胸肉 …… 15克
- 芝麻酱 …… 3克
- 水淀粉 …… 少许

做法
1. 圆白菜焯后沥去水分，切成粗碎；鸡胸肉焯好，切碎。
2. 将1/3杯水、芝麻酱放入小锅中煮沸后，用水淀粉勾芡。将步骤1的圆白菜和鸡胸肉盛入器皿中，浇上芡汁。

奶香蔬菜鸡肉糊

材料
- 番茄 …… 10克
- 鸡胸肉 …… 10克
- 白萝卜 …… 10克
- 小白菜 …… 少许
- 牛奶 …… 20克

做法
1. 番茄去皮、去子后，切成粗碎；鸡胸肉焯好，切碎；白萝卜去皮，切成小块，小白菜洗净，切成碎末。
2. 用小锅将水煮沸，加入鸡胸肉和白萝卜煮软，加入番茄煮一小会儿，再加入小白菜和牛奶，即将煮沸前闭火。

胡萝卜煮挂面

材料
- 胡萝卜 …… 15克
- 挂面 …… 25克
- 猪肉 …… 10克
- 圆白菜 …… 5克
- 淀粉 …… 少许

＊后半期开始

做法
1. 胡萝卜去皮，用切片器切成短细丝（如照片所示）；挂面折成小段；猪肉切成碎末，撒上淀粉；圆白菜焯软后，切成粗碎。
2. 将步骤1的胡萝卜和水倒入小锅中炖煮，待煮沸后加入挂面，待挂面和胡萝卜煮软后用笊篱捞起。
3. 在小锅中将水煮沸后，先煮猪肉碎，再放入挂面和胡萝卜煮一小会儿。盛入器皿中，放上圆白菜碎。

牙龈咀嚼期 9~11个月

富含蛋白质的食谱

除用舌搅碎期推荐的食材外，还有

- 扇贝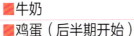
- 牡蛎
- 牛奶
- 鸡蛋（后半期开始）
- 牛瘦肉
- 猪瘦肉
- 动物肝脏

海苔拌鸡蛋芋头

材料
- 煮蛋 ………… 1/2 个
- 芋头 ………… 30 克
- 烤海苔片 ……… 2 克
- 水淀粉 ………… 少许

做法
1. 带皮芋头包上保鲜膜后，用微波炉两面各加热1分钟，然后取出放凉。
2. 将步骤1的芋头去皮、磨碎。将切碎的蛋清、捣碎的蛋黄、撕碎的烤海苔片倒入芋头中，拌匀备用。
3. 用水淀粉做好芡汁后，将芡汁浇在步骤2的混合物上。

青海苔粉奶酪粉拌豆腐

材料
- 豆腐 ………… 30 克
- 奶酪粉 ………… 2 克
- 青海苔粉 ……… 2 克

做法
1. 将豆腐切成小块，快速焯一下，捞起，沥干水分。
2. 在碗中将奶酪粉和青海苔粉混拌好后，拌入豆腐。

奶酪玉米土豆沙拉

材料
土豆 …… 20克
白干酪 …… 20克
玉米 …… 10克

做法
1. 将土豆去皮，切成小块，放入水中煮软，捞出沥干水分。
2. 将土豆、玉米加入奶酪中，将全体混拌均匀。接着一点点地加入水，将奶酪和土豆、玉米搅拌至类似蛋黄酱的软硬程度。

纳豆拌胡萝卜菜花

材料
纳豆 …… 18克
胡萝卜 …… 10克
菜花 …… 10克

做法
1. 纳豆用菜刀拍碎；胡萝卜去皮，切成银杏叶状。
2. 将菜花分成小瓣，将水、胡萝卜和菜花放入小锅中炖煮。待蔬菜煮软、汁液几乎煮干后，离火。待热气散去后，拌入纳豆。

芝麻酱金枪鱼盖饭

材料
金枪鱼 …… 15克
豆角 …… 10克
芝麻酱 …… 3克
软饭 …… 20克

做法
1. 将金枪鱼切成小块，放入沸水中焯一下，沥干水分；豆角洗净，焯熟后捞出，切碎备用。
2. 将豆角、金枪鱼、芝麻酱拌匀，浇在软饭上。

＊后半期开始

妈妈的经验之谈 黏糊糊的纳豆，直接切很难切碎，但冷冻后再切便能轻松切碎。将其拌入热饭中，能快速解冻。（东京都 裕子妈妈）

牙龈咀嚼期 9~11个月　富含蛋白质的食谱

西蓝花煮鲅鱼

材料

鲅鱼	15克
西蓝花	20克
水淀粉	少许

做法

1. 将鲅鱼放在耐热器皿中，加少许水，用保鲜膜包好，用微波炉加热1分钟，取出凉凉，用手撕去外皮、剔除鱼刺；西蓝花掰成小瓣，放入沸水中焯一下，切成小块。
2. 将锅中水煮沸，放入鲅鱼和西蓝花炖煮，最后用水淀粉勾芡。

香蕉烤鳕鱼沙司

材料

香蕉	30克
鳕鱼	15克
小番茄	2个
淀粉	少许

做法

1. 将小番茄切开口，用微波炉加热20秒，待外皮裂开后，去皮、去子。
2. 小番茄用叉子捣碎后，再放入微波炉中加热20秒，将其做成沙司。
3. 将鳕鱼切成薄片，裹淀粉，用平底锅煎至表面略显焦色后，加入切成圆片的香蕉略煎片刻，加入1小匙水，盖上锅盖蒸20秒，盛入器皿中，浇上沙司。

牙龈咀嚼期 **9~11**个月 富含蛋白质的食谱

茄子炖鱼肉

材料

鱼肉	10克
茄子	15克
豆角	5克
水淀粉	少许

做法

1. 鱼肉剔除外皮和鱼刺，切成碎末，再拍成肉蓉状；茄子去皮，切成小块，放入水中浸泡，取出后沥干水分；豆角切成小丁。
2. 在小锅中将1/4杯水煮沸后，放入步骤1的食材炖煮，待食材变软、汤汁变少后，用水淀粉勾芡。

通心粉牛肉汤

材料

牛肉	15克
番茄	10克
洋葱	10克
通心粉	15克
水淀粉	少许

做法

1. 牛肉切成碎末；番茄去皮、去子，切成小块；洋葱切成碎末；通心粉焯过后，沥干水分，切成粗碎。
2. 在小锅中将1/2杯水煮沸后，加入牛肉炖煮，待牛肉变色后加入洋葱和通心粉，再加入番茄稍煮片刻，最后用水淀粉勾芡。

妈妈的经验之谈　我喜欢在女儿睡觉期间做断奶餐，但只要她醒来就得停手，于是选择用压力锅。用它不论是做炖菜还是做汤，都能在

自由咀嚼期 12~18个月

这个时期，宝宝可以用左右牙龈有节奏地嚼食物。
多做一些宝宝可以用手抓着吃的断奶餐吧！

富含碳水化合物的食谱

食材请参照前三个阶段

纳豆炒饭

材料
- 软饭 —— 90克
- 纳豆 —— 20克
- 洋葱 —— 30克
- 青海苔 —— 4克
- 橄榄油 —— 少许

做法
1. 洋葱切成碎末，包上保鲜膜，用微波炉加热1分钟；在平底锅中倒入橄榄油，加入软饭和洋葱翻炒。
2. 加入磨碎的纳豆翻炒，最后拌入青海苔。

菠菜牛肉盖饭

材料
- 软饭 —— 90克
- 菠菜 —— 20克
- 牛肉 —— 20克
- 圆白菜 —— 10克
- 水淀粉 —— 少许
- 酱油 —— 极少量

做法
1. 将牛肉切成细丝；菠菜和圆白菜分别焯过后，捞出切成碎末。
2. 锅中加适量水，煮沸后加入牛肉。待牛肉煮熟后，加入菠菜和圆白菜稍煮片刻。用水淀粉勾芡汁，加入酱油调匀，浇在软饭上。

短时间内轻松搞定，它真是帮了我不少忙。（东京都 阿库妈妈 宝宝9个月）

豌豆饭团

材料

软饭	90 克
叉烧肉	15 克
豌豆	20 克
烤海苔片	1/4 片

做法

1. 叉烧肉切碎，焯水，沥干水分；豌豆煮软，用凉水浸泡。
2. 豌豆剥去外皮，捣成粗碎，与步骤1的叉烧肉一起拌入软饭中。
3. 将软饭造型成你喜欢的形状，卷上烤海苔片。

烤韭菜鸡蛋

材料

韭菜	20 克
鸡蛋	1/4 个
软饭	90 克
婴儿专用奶油沙司	1/2 袋
奶酪粉	少许

做法

1. 鸡蛋打散备用；韭菜切碎，焯水，沥干水分后与软饭、鸡蛋混拌一起。
2. 将用一定量的开水化开的奶油沙司倒入步骤1中，撒上奶酪粉，用烤箱加热2分钟，将表面烤成焦黄色。

 将米饭放入冰块盒中，盖上盖子，只要来回翻转几次，就能做成正好一口大小的饭团。（千叶县 小末妈妈 宝宝1岁）

12~18个月 富含碳水化合物的食谱

沙丁鱼香菇烤面包

材料

切片面包	1片
小沙丁鱼干	10克
香菇碎	10克
牛奶	30克
奶酪粉	少许
植物油	少许

做法

1. 在平底锅中将油烧热后，先加入香菇碎、用热水泡去盐分的小沙丁鱼干翻炒，再加入牛奶和水炖煮。待煮沸后，加入切去面包边、切成一口大小的面包（如照片所示）。
2. 待面包变软后，将全体倒入耐热器皿中，撒上奶酪粉，放入烤箱中烤约1分钟。

金枪鱼南瓜三明治

材料

水煮金枪鱼罐头（无盐）	10克
南瓜	30克
切片面包	2片

做法

1. 用保鲜膜包上去皮的南瓜，将南瓜放入微波炉中加热1分钟，取出后捣碎，然后拌入金枪鱼。
2. 将每片切片面包分成4等份，在面包侧面切出一个切口，将其做成口袋状。
3. 将步骤1的食材装入面包的切口中（如照片所示）。

番茄土豆丸子

材料
土豆 —— 100克
面粉 —— 20克
番茄 —— 30克

做法
1. 番茄去皮、去子，切碎，放入微波炉中加热1分钟，将其做成沙司状；土豆包上保鲜膜，用微波炉加热3~4分钟，将其煮软，取出后剥去外皮，用手揉成泥状，加入面粉搅拌。
2. 将步骤1的土豆泥做成一口大小的丸子后，放入沸水中炖煮，待其浮起后盛入器皿中，浇上番茄沙司。

意式肉酱面

材料
番茄 —— 20克
洋葱 —— 10克
牛肉 —— 20克
芦笋 —— 10克
意式实心面 —— 25克
水淀粉 —— 少许

*后半期开始

做法
1. 番茄去皮、去子，切成小块；洋葱切成碎末；牛肉剁成末；芦笋切成小丁。
2. 将小锅中水煮沸，加入洋葱和牛肉，再加入番茄和芦笋，煮软后用水淀粉勾芡，制成肉酱。
3. 将折成段的意式实心面放入沸水中煮，待煮软后沥干水分，盛入器皿中，浇上肉酱。

红薯炖肉丸

材料
红薯 —— 80克
猪肉 —— 15克
淀粉 —— 少许
酱油 —— 少许

做法
1. 将猪肉切成末，加入淀粉并混拌均匀。
2. 在小锅中将水、酱油煮沸后，逐个放入揉成团的肉丸。
3. 红薯削皮，切成小块，放入水中浸泡5分钟，沥干水分后，将红薯加入步骤1的小锅中慢慢煮软。

自由咀嚼期 12~18个月

富含维生素和矿物质的食谱

除牙龈咀嚼期推荐的食材外，常见蔬菜均可逐渐添加

芝麻酱拌南瓜鸡肉

材料
- 南瓜 …………… 25克
- 鸡胸肉 ………… 15克
- 洋葱 ……………… 5克
- 芝麻酱 …………… 4克
- 酱油 …………… 极少量

做法
1. 南瓜去皮，切成小块。在小锅中将水煮沸后，放入南瓜、鸡胸肉、洋葱一起煮。
2. 待煮软后，捞出鸡胸肉和洋葱。鸡胸肉用手撕成条状，切成碎末；洋葱也切成碎末。
3. 将南瓜连同汤汁与鸡胸肉、洋葱混拌一起，盛入器皿中，浇上由芝麻酱、酱油混拌而成的浇汁。

南瓜面疙瘩

材料
- 南瓜 …………… 15克
- 白萝卜、胡萝卜、菠菜 ………… 共15克
- 鸡肉 …………… 15克
- 面粉 …………… 20克

做法
1. 胡萝卜和白萝卜分别去皮，切成小块；菠菜焯烫，切碎；鸡肉切成小块；南瓜去皮、去子后，包上保鲜膜，用微波炉加热30秒，取出后用手将其揉碎。
2. 将揉碎的南瓜和面粉倒入器皿中，慢慢倒入水，将其和成如山药泥般软硬的面糊。
3. 将白萝卜、胡萝卜、菠菜和鸡肉放入锅中炖煮。将步骤2的面糊一匙一匙地舀入锅中，煮3分钟即可。

铺地板，但报纸收拾起来更方便。（千叶县 小鼎妈妈 宝宝1岁1个月）

胡萝卜炖鱼肉

材料
胡萝卜 ············ 30克
鱼肉 ············· 20克
海带 ············· 少许
酱油 ············· 少许
水淀粉 ············ 少许

做法
1. 将鱼肉剔除外皮和鱼刺，切成小块，入沸水锅焯烫，捞出后沥干水分；海带用水泡开后，切成粗碎；将去皮的胡萝卜切成条状，煮软，切成小块。
2. 在小锅中将水煮沸，加入酱油，倒入鱼肉和胡萝卜慢慢炖煮，最后加入海带，用水淀粉勾芡。

＊后半期开始

奶酪糊配烤蔬菜

材料
洋葱 ············· 20克
西葫芦 ············ 10克
煮蛋 ············· 1/3个
白干酪 ············ 10克
牛奶 ············· 20克

做法
1. 洋葱切成厚片，用牙签固定住；西葫芦从纵向对半切开。将蔬菜铺在带烤盘纸的菜盘上，入烤箱烤7~8分钟。
2. 煮蛋切成碎末后，与白干酪和牛奶混拌一起，盛入器皿中，边蘸奶酪糊边吃蔬菜。

西蓝花煮墨鱼丸

材料
西蓝花 ············ 30克
墨鱼 ············· 15克
水淀粉 ············ 少许

做法
1. 西蓝花掰成小瓣，放入沸水中煮软；墨鱼去除外皮和鱼刺，用刀剁碎。
2. 在小锅中将水煮沸，放入用筷子尖卷成的墨鱼丸，待墨鱼丸煮熟后，用水淀粉勾芡，加入西蓝花稍煮片刻。

自由咀嚼期 **12～18个月** 富含维生素和矿物质的食谱

圆白菜牛肉卷

材料
圆白菜 ……… 20克
牛瘦肉 ……… 15克
洋葱 ………… 5克
口蘑 ………… 2朵
胡萝卜 ……… 5克
水淀粉 ……… 少许

做法
1. 圆白菜焯水，为了方便卷肉，将其对半切开；洋葱切成碎末；胡萝卜去皮，切成小块；牛瘦肉洗净，切成末。将肉末和洋葱混拌均匀后，先将其分成几等份放在圆白菜上，再将圆白菜卷成团儿。
2. 在小锅中将水煮沸，将步骤1的肉卷和口蘑放入锅中煮3分钟，将肉卷翻面后再煮3分钟。煮好后，将肉卷和口蘑切成方便食用的大小，盛入器皿中，浇上用水淀粉和煮汁调成的芡汁。

番茄拌牛肉

材料
番茄 ………… 1/2个
牛肉 ………… 20克
泡发海带 …… 15克
面粉 ………… 少许
酱油 ………… 极少量

做法
1. 番茄切好十字花后，整个放入沸水中煮，待外皮裂开后，用笊篱捞起（如照片所示）。
2. 番茄撕去外皮，切成一口大小。
3. 将牛肉抹上一层薄薄的面粉，放入锅中焯一下，切成一口大小。
4. 海带放入沸水中焯一下，切成一口大小，与牛肉、番茄盛在一起，淋少许酱油。
＊后半期开始

菠菜肉末烙饼

材料
菠菜 ………… 40克
面粉 ………… 20克
鸡蛋 ………… 1/3个
牛奶 ………… 10克
猪肉 ………… 5～7克
植物油 ……… 少许

做法
1. 将菠菜带茎煮软后，放入冷水中浸泡，沥干水分，切碎末；猪肉洗净，切末，炒熟后盛出备用。
2. 将打散的鸡蛋和牛奶加入面粉中充分搅拌，将其做成面糊。面糊中加入肉末、菠菜，充分搅拌。
3. 在平底锅中将油烧热后，倒入步骤2的面糊，小火煎2分钟后，翻面再煎1～2分钟。取出后，将其切成方便食用的大小。

＊后半期开始

京都 阿古妈妈 宝宝1岁）

自由咀嚼期 12~18个月

富含蛋白质的食谱

除牙龈咀嚼期推荐的食材外，常吃的肉类可逐步尝试添加

鸡蛋炒番茄西蓝花

材料
- 鸡蛋 …… 1/2 个
- 番茄 …… 20 克
- 西蓝花 …… 10 克
- 黄油 …… 2 克

做法
1. 番茄去皮、去子，切成碎末；西蓝花煮软，切成碎末。将番茄和西蓝花加入打散的鸡蛋中（如照片所示）。
2. 在平底锅中将黄油化开后，放入步骤 1 的食材翻炒。

南瓜配奶酪煎鱼

材料
- 鱼肉 …… 10 克
- 南瓜 …… 20 克
- 切片奶酪 …… 1/4 片
- 面粉 …… 少许
- 黄油 …… 少许
- 水淀粉 …… 少许

做法
1. 鱼肉切成薄片，抹上一层薄薄的面粉；南瓜淋上 1 小匙水，用微波炉加热 1 分钟，取出后去皮，粗粗捣碎，盛入器皿中。
2. 平底锅将黄油化开后，将鱼肉两面煎熟，放上奶酪再煎片刻。待奶酪化开后，盛入步骤 1 的器皿中。
3. 用微波炉将水煮沸，加入水淀粉，最后将芡汁浇在南瓜、鱼肉上。

> 妈妈的经验之谈：宝宝不擅长吃干巴巴的鸡肉豆腐汉堡，但如果我用水淀粉勾芡，她就能顺利吃下。（千叶县 莉香妈妈 宝宝1岁3个月）

12~18个月 富含蛋白质的食谱

蔬菜浇烤青花鱼

材料

青花鱼	15克
胡萝卜	20克
香菇	5克
水淀粉	少许

做法

1. 将青花鱼放在调为中火的烤架上烤4~5分钟，凉凉后用手撕去外皮（如照片所示），用手戳碎。
2. 胡萝卜去皮，切成小块，放入沸水中焯一下；香菇切成碎末。
3. 将胡萝卜和香菇放入小锅中煮软，加入水淀粉，最后将芡汁浇在青花鱼上。

三色盖饭

材料

蛋黄	1个
菠菜（叶尖）	20克
鸡肉	10克
软饭	90克
酱油	极少量

做法

1. 将蛋黄放入小锅中，用小火加热，边不断搅拌边煮，将其做成炒鸡蛋，待冷却后将其剁成碎末；菠菜焯好后切成粗碎，加入少许水拌匀。
2. 将鸡肉洗净，切末，放入耐热器皿中，加入酱油搅拌，蒙上保鲜膜，用微波炉加热20秒，待冷却后，将其切成碎末。
3. 将鸡肉末、炒鸡蛋和菠菜倒在软饭上。

鸡肉豆腐

材料

豆腐	30克
鸡肉	10克
葱	10克
淀粉	5克
香油	少许

做法

1. 将豆腐放入沸水中焯一下,捞起后用布包上,沥干水分;将鸡肉切末,放入锅中焯烫,捞出沥干水分;葱也焯一下,取出后切成碎末。
2. 将鸡肉末、葱和淀粉拌入豆腐中,将其团成丸子,加入已烧热香油的平底锅中,用小火煎2~3分钟,倒入少许水,煎至汁液全无,盛出后切成一口大小。

＊后半期开始

鸡肉汉堡

材料

鸡肉	15克
洋葱	10克
面包粉	20克
植物油	少许

做法

1. 将鸡肉切末,放入器皿中,加入切成碎末的洋葱、面包粉,充分搅拌制成面团。
2. 将做成椭圆形的面剂倒入已烧热油的平底锅中,中火加热2~3分钟,待表层略泛焦黄,则翻面煎烤,并倒入少许水。不盖锅盖反复翻面,把全体煎熟,取出后将其切成一口大小。

12~18个月 富含蛋白质的食谱

牛蒡煮猪肉

材料

猪肉	20克
洋葱	20克
牛蒡	10克
淀粉	少许
白糖、酱油	各少许

做法

1. 猪肉切片，抹上一层薄薄的淀粉，放入沸水中焯一下，取出后沥干水分，切小块；洋葱切成小块；牛蒡切碎，用水浸泡后沥干水分。

2. 将洋葱和牛蒡放入小锅中煮软，先加入白糖和酱油，再加入猪肉稍煮片刻。

＊后半期开始

奶汁烤金枪鱼土豆

材料

土豆	50克
水煮金枪鱼罐头	10克
牛奶	20克
切片奶酪	1/4片

做法

1. 土豆去皮，切成细丝，放入水中浸泡5分钟，取出后沥干水分。

2. 将金枪鱼放入滤网中，浇上开水，将其戳碎。将步骤1的土豆、金枪鱼和水放入耐热器皿中，用微波炉加热90秒。取出后将全体混拌均匀，加入牛奶，再用微波炉加热20秒，趁热放入奶酪，使之化开。

＊后半期开始

实用信息 专栏

让宝宝远离食物中毒
（细菌性胃肠炎）

由于宝宝对病原体和有毒物质的抵抗力较弱，所以在卫生管理方面妈妈应多加注意。从梅雨季到夏天的这段时间，尤其应谨慎。

宝宝的卫生需要妈妈的细心

宝宝的抵抗力比大人弱，即使全家都吃相同的食物，宝宝也有可能因吃下食物所携带的细菌而患上急性胃肠炎，严重的甚至会发展成重病。

当宝宝出现腹泻、呕吐等症状时，应注意观察，必要时马上前往儿科就诊。因为一旦食物中毒，就容易引发脱水症状，非常危险。

预防食物中毒的3大要领

防止微生物污染
引发食物中毒的细菌和病毒会附着在蔬菜、肉上。而接触过这些食材的手、烹饪器具及其他食物也会受到污染。烹饪时，请细心清洗双手和烹饪器具。此外，烹饪器具也应常常进行煮沸消毒。

抑制细菌繁殖
由于温度一升高，细菌便会快速繁殖，所以切不可一次买很多。此外，应采取以下对策：①烹饪好的食物应马上食用；②食品应放入冷藏室或冷冻室中保存，但也不宜久放；③鱼贝类食材应放在4℃以下的冰箱中保存；④在食用前一定要将食物彻底加热。

消灭细菌
由于很多细菌和病毒都怕热，所以烹饪的时候应充分加热，使内部完全熟透。做荤菜时若担心做不熟，可以使用微波炉等灭菌效果好的烹饪用具。此外，厨房也应充分消毒。

烹饪前的检查工作

若用手触摸过头发、鼻子，请洗手

用手触摸头发和脸，是我们容易在无意识中做的动作。若没洗手便直接做饭，细菌便会带入食物中。头发请用发夹别住。

给宝宝换尿布后，请洗手

除了做饭期间应勤洗手外，还应养成每次换完尿布都洗手的习惯。

烹饪期间请让双手保持清洁状态

由于细菌也会附着在戒指上，所以做饭前应取下戒指。此外，请注意不要用围裙擦手！因为围裙也是细菌滋生的温床。

食物中毒的原因和症状

细菌或病毒的名称	易出问题的食物	症状及特征
沙门氏菌	肉、鸡蛋、蛋黄酱等	腹痛、腹泻、发热，潜伏期为8~48小时。鸡蛋壳中也有这种细菌，应特别注意
弯曲杆菌	肉、饮用水、生蔬菜、牛奶	腹痛、腹泻、发热、恶心，潜伏期为2~7日。这是一种很容易导致宝宝食物中毒的细菌
致病性大肠杆菌	牛肉及其制品、生蔬菜等	腹泻、呕吐，潜伏期为1~2日。烹饪时，若将食物中心温度控制在75℃以上，可提高灭菌效果
副溶血弧菌	鱼贝类	其特征是强烈的腹痛、腹泻、呕吐
金黄色葡萄球菌	饭团、三明治等。触摸过化脓的伤口、粉刺、疖子等感染部位的手，需特别注意	恶心、呕吐、腹痛、腹泻。潜伏期为饭后0.5~6小时。加热也无法预防这种细菌，应特别注意
肉毒杆菌	火腿肠、罐头、瓶装食物、寿司饭	若便秘3天以上，会出现以下症状：①吸吮母乳的力量越来越弱；②哭声越来越小；③出现呼吸困难等症状。烹饪时应充分加热食物
产气荚膜梭菌	剩饭、剩菜等	腹泻、腹痛、恶心等。需注意的是，烹饪加热并不能使这种细菌灭绝，若放在常温下，细菌便会繁殖
诺沃克病毒	牡蛎等	恶心、腹痛、腹泻、发热等。贝类在食用前应充分加热

第 3 章

速成断奶餐简单做

照顾宝宝的日子总是忙得不可开交,既有因过度疲惫而想偷懒的时候,也有因时间不够而必须尽快做好的时候,妈妈们不可能每天都花大量的时间和精力制作断奶餐。为此,本章将为大家介绍既能减轻妈妈负担,又能让宝宝满意的速成断奶餐的制作技巧及断奶餐食谱。

婴儿食品的活用术

使用婴儿食品的简便断奶餐

用婴儿食品做断奶餐，十分省事。除了可以缩短制作时间外，还能让过于单调的断奶餐食谱大变身，让宝宝爱上饭饭。

1 想快速做好断奶餐时

初为人母，通常难以把握食物的软硬度和滑溜度，若以婴儿食品为范本，便能抓住感觉。此外，由于婴儿食品严格遵守含盐量标准，所以也可以将它作为调味的标准。

2 想让宝宝吃不爱吃的食材时

宝宝难以咽下的含膳食纤维较多的蔬菜、干巴巴的鱼和肉，若用黏糊糊的婴儿食品调制，便会变得十分滑溜。此外，用宝宝不爱吃的食材做成的婴儿食品拌入其他食材中，也是一种非常省事的方法。

3 想平衡膳食营养时

婴儿食品由多种食材制作而成，让宝宝吃婴儿食品，平时饭食中容易缺乏的营养，如铁、钙、DHA等都可以得到补充。请选择合适的婴儿食品，以补充宝宝容易缺乏的营养素。

4 外出吃饭时

妈妈带宝宝外出时，若选择携带瓶装食物或软罐头，不需加热便能喂宝宝吃。在没有开水的时候，这类食物堪称宝物。

5 当宝宝身体不适时

当宝宝因发热等原因而身体不适的时候，婴儿食品也可以派上大用场。由于婴儿食品既卫生，又易于消化吸收，所以只要按照上面所标示的月龄要求喂宝宝吃即可。此外，妈妈还可以把它当作补充水分的饮品，放心地喂宝宝喝。

冷冻干燥食品

在真空状态下将烹饪好的食材瞬间冷冻干燥，便能做成冷冻干燥食品。注入开水即能食用。食材的颜色、形状和美味程度，都与刚做好时一样！从1匙到1次食用量，它有各种各样的包装形式，妈妈们可以随心所欲地组合搭配。既可以溶解少量食材，将它做成沙司，也可以将它混入米粥中，做成杂烩粥。当你想为宝宝增加营养时，它可以派上大用场。

> **妈妈的经验之谈** 掌握不好软硬度和大小的时候，我将婴儿食品作为参考。它非常适合嫌麻烦的我。（东京都 啦啦妈妈 宝宝8个月）

婴儿食品的4种基本形态

粉末状食品、薄片状食品

这是一种沙司、鱼、肝、粥等经过烘干或冷冻干燥处理后做成粉末状、薄片状的婴儿食品。在家大费周折才能做好的食物，用成品注入开水便可食用。可以按照宝宝的发育特点和喜好调整硬度。一般情况下，每袋装为1次食用量。这种食品要求开封后尽快用完。

● 只需用开水溶解！

● 注入开水后，变成了黏糊状！

软罐头食品

将烹饪好的断奶餐密封在容器中并经过加压、加热杀菌处理的婴儿食品，即软罐头食品。有浅盘、口袋包、袋装等各种各样的包装形式。将其加热一下可以提升美味度，但切不可过分加热！请严格按照产品标示的加热时间操作。这类食品也可以直接食用，方便外出时随身携带。

瓶装食品

经滤网过滤的水果和蔬菜、呈糊状的肉和鱼等，在被制作成方便食用的食物后，在真空状态下被装入瓶子中。以这种方式制作而成的食品，即瓶装食品。由于开盖即可食用，所以出门带它很方便。除了有果蔬、鱼类、肉类等品种，还有杂烩粥等，种类很丰富。

注："" 内所标示的名称是市面上销售的婴儿食品的商品名。商品名会因厂家的关系或新旧商品的更替而发生变更。

整吞整咽期

土豆番茄水果泥

材料
土豆 …………… 25 克
"番茄水果泥" … 5 克

做法
土豆去皮，蒸熟后取出，加少许水，捣成糊泥状。最后，与"番茄水果泥"盛在一起即可。

草莓面包奶糊

材料
"草莓与面包" … 3 个
奶粉 …………… 5 克

做法
1. 用开水将"草莓与面包"溶解开。
2. 将冲泡好的奶粉加入步骤1中。

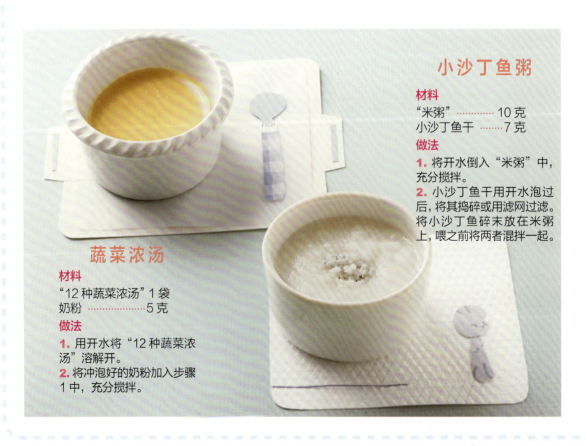

蔬菜浓汤

材料
"12种蔬菜浓汤" 1 袋
奶粉 …………… 5 克

做法
1. 用开水将"12种蔬菜浓汤"溶解开。
2. 将冲泡好的奶粉加入步骤1中，充分搅拌。

小沙丁鱼粥

材料
"米粥" ………… 10 克
小沙丁鱼干 …… 7 克

做法
1. 将开水倒入"米粥"中，充分搅拌。
2. 小沙丁鱼干用开水泡过后，将其捣碎或用滤网过滤。将小沙丁鱼碎末放在米粥上，喂之前将两者混拌一起。

用舌搅碎期

鸡胸肉蔬菜糊

材料
"圆白菜、菠菜与胡萝卜"………6个
鸡胸肉………20克

做法
1. 用开水将"圆白菜、菠菜与胡萝卜"溶解开。
2. 鸡胸肉用沸水焯一下,接着用手撕成细条,切成碎末,加入步骤1中。

材料
"中式蔬菜浇汁"1袋
乌冬面………20克
番茄………10克

做法
1. 乌冬面用沸水焯一下,切成碎末。将乌冬面与1/4杯开水一起放入小锅中煮,待其煮沸后加入"中式蔬菜浇汁",使之煮化。
2. 番茄用开水烫一下,剥去外皮,除子,切成碎末,加入步骤1中。

番茄中式蔬菜卤乌冬面

鸡汤煮芋头三文鱼

材料
"鸡汤"………1袋
芋头………40克
三文鱼………10克
荷兰豆………5克

做法
1. 用开水将"鸡汤"溶解开。
2. 芋头煮软,去皮,捣碎。
3. 三文鱼完全煮熟,去除外皮和鱼刺,捣成泥。
4. 荷兰豆用沸水焯一下,切成碎末。
5. 将步骤2、3、4的食材放入小锅中,用步骤1的鸡汤将其煮软。

秋葵拌蔬菜鱼泥

材料
"蔬菜鱼泥"………1包
秋葵………1根

做法
1. 将"蔬菜鱼泥"放入耐热器皿中,蒙上保鲜膜,用微波炉加热30秒。
2. 秋葵用沸水焯过后,对半切开,除子,将其切成碎末,加入步骤1中。

掉保鲜膜即可,十分方便。(德岛县 真纪妈妈 宝宝9个月)

用舌搅碎期

猕猴桃拌肝泥

材料
猕猴桃……30 克
"鸡肝蔬菜泥"……1 袋

做法
猕猴桃捣碎后，与用 1 大匙开水溶解的"鸡肝蔬菜泥"盛在一起。

鸡肉番茄泥煮玉米片

材料
"鸡肉番茄泥"……1 袋
玉米片……15 克
奶粉……5 克

做法
1. 玉米片用手揉碎；奶粉按比例冲调好。
2. 在小锅中将"鸡肉番茄泥"、1/2 杯水煮沸后，先加入玉米片稍煮片刻，再倒入冲好的奶，拌匀即可。

牙龈咀嚼期

扇贝芒果布丁

材料
扇贝……1 个（15 克）
"芒果布丁"……20 克

做法
扇贝用沸水焯过后，切成小丁，与"芒果布丁"盛在一起。

燕麦片蔬菜饼

材料
"圆白菜与红薯"……6 个
燕麦片……20 克
牛奶……40 克
黄油……3 克

做法
1. 将"圆白菜与红薯"、燕麦片放入碗中，倒入经加热的牛奶，将三者混拌一起。
2. 将黄油放入平底锅中，用中火加热，加入步骤 1 的混合食材，将两面煎至略泛焦黄。

妈妈的经验之谈　外出时，我喜欢随身携带瓶装婴儿食品。虽然有些沉，但瓶装食物好拿，也方便喂食。（大阪府 麻子妈妈 宝宝 8 个月）

牙龈咀嚼期

豆腐什锦汁

材料
"什锦汁" ………… 1包
豆腐 ………… 20克

做法
1. 用开水将"什锦汁"溶解开。
2. 豆腐切成小块,用沸水焯一下,加入步骤1中。

鸡肉松盖饭

材料
"鸡肉松" ………… 1袋
米饭 ………… 40克
芦笋 ………… 20克

做法
1. 用开水将"鸡肉松"溶解开。
2. 米饭切成粗碎,装入耐热器皿中,加入3大匙水,蒙上保鲜膜,用微波炉加热1分钟。
3. 芦笋去除叶鞘后,将其煮软,切成小丁。
4. 将步骤2的米饭盛入器皿中,浇上步骤1的鸡肉松和步骤3的芦笋。

扁豆豆腐浇汁

材料
"豆腐卤" ………… 80克
扁豆 ………… 20克

做法
1. "豆腐卤"放入耐热器皿中,蒙上保鲜膜,用微波炉加热30秒。
2. 扁豆煮软,切成小丁,加入步骤1中。

自由咀嚼期

第 3 章 速成断奶餐简单做

法式蔬菜烤面包

材料
"西蓝花与胡萝卜" ……… 8 个
鸡蛋 ……… 1/2 个
切片面包 ……… 1 片
黄油 ……… 4 克

做法
1. "西蓝花与胡萝卜"用开水溶解后,与打散的鸡蛋混拌一起。将切片面包浸泡在混合液体中,使面包两面都充分浸润。
2. 将黄油放入平底锅中,用小火加热,将步骤 1 的面包煎至两面略泛焦黄后,切成方便食用的大小。

奶油沙司菠菜团

材料
"菠菜泥" ……… 1 袋
"奶油沙司" ……… 1 袋
土豆 ……… 90 克
面粉 ……… 20 克

做法
1. 土豆用水煮软,捞出去皮,趁热捣碎。
2. 将用 1 大匙开水溶解开的"菠菜泥"和面粉加入步骤 1 中,充分搅拌,先将其做成一口大小的丸子状,再从中间往下按压,将其压成扁平状。
3. 将步骤 2 的团子逐个放入沸水锅中,转中火炖煮,待团子浮起后将其捞起,沥干水分。将团子盛入器皿中,浇上"奶油沙司"。

妈妈的经验之谈　家中若有经常用来做糕点的橡胶刮刀,便可以轻松取出容器中残留的糊状物和瓶子中的婴儿食品,因此橡胶刮刀也是

蔬菜汉堡

材料
"蔬菜汉堡" ………… 1袋
小番茄 ………… 2个
西蓝花 ………… 5克

做法
1. "蔬菜汉堡"放入耐热器皿中，蒙上保鲜膜，用微波炉加热10~20秒。
2. 小番茄用开水烫一下，剥去外皮，去子，切成一口大小。
3. 西蓝花用沸水焯软，切成方便食用的小瓣。
4. 将步骤1的蔬菜汉堡盛入盘子中，配上番茄和西蓝花。

南瓜三明治

材料
"炖南瓜" ………… 1袋
切片面包 ………… 2片

做法
1. "炖南瓜"放入小锅中，边搅拌边煮2~3分钟，将汤汁煮干。
2. 面包切去面包边，夹入步骤1的"炖南瓜"，切成方便食用的大小。

番茄黄瓜沙拉

材料
"法式蔬菜" ………… 1小匙
番茄 ………… 30克
黄瓜 ………… 15克

做法
1. 番茄去皮、去子后，切成小块；黄瓜从纵向对半切开，切成薄片。
2. 用"法式蔬菜"拌番茄和黄瓜。

烤面包条蘸奶汁

材料
"鸡肉蔬菜奶汁" ………… 1包
切片面包 ………… 1片

做法
1. 将"鸡肉蔬菜奶汁"放入热水中浸泡几分钟，或将它放入耐热器皿中，加热30秒。
2. 切片面包烤好后，切成条，喂宝宝吃时蘸上奶汁。

一大宝物。（神奈川县 沙琪妈妈 宝宝6个月）

速成断奶餐

用大锅制作极少量断奶餐，是一件非常麻烦的事。制作断奶餐想要快一点、轻松一点，微波炉是不错的选择。有了微波炉，便能迅速做好、迅速收拾好。微波炉对于每天都忙得不可开交的妈妈而言，绝对是个强有力的帮手。

用微波炉做断奶餐的 4 大要领

1 控制加热时间

加热时间随食材的性质、重量、温度等发生变化。由于断奶餐的分量一般很少，所以最开始设置时间时应设置短一点。若发现加热不充分，可以慢慢增加加热时间。

2 中途观察食材状态

这是用微波炉烹饪食材的重要技巧。一旦过度加热，食材便会变硬，口感不好。中途观察食材状态，可以确认食材是否已煮熟，或搅拌食材使之均匀受热。

3 根据食材的含水量补充水分

用微波炉加热时，可以根据食材的含水量适当补充水分。蒸、煮食物的时候可以包上保鲜膜或盖上盖子，以免水分过度蒸发。加热结束后，最好静置一会儿，因为余热可以让食物变得更软。

4 使用微波炉专用器皿

用微波炉制作断奶餐时，请选择能经受电磁波和高温的耐热器皿。玻璃材质的耐热器皿，可以看到内部；而带盖的玻璃器皿，用起来更方便。也可以使用陶瓷器皿，但不可使用金属材质的器皿和带金边的器皿。

妈妈的经验之谈 在做断奶餐时，硅胶蒸笼可以派上大用场。将食材放入硅胶蒸笼中，不加保鲜膜便可放入微波炉中加热，经济实惠。

整吞整咽期

草莓米汤

材料
草莓 …… 1/2 颗
米饭 …… 5 克

做法
1. 将米饭、水一起放入容器中（如照片所示），先用微波炉加热1分钟，再用滤网磨碎。
2. 用滤网将草莓磨成无明显颗粒的泥状后，加入步骤1中。

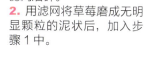

南瓜土豆泥

材料
南瓜 …… 10 克
土豆 …… 5 克

做法
1. 南瓜洗净，包上保鲜膜（如照片所示），用微波炉先加热30秒，翻面再加热30秒。
2. 将南瓜去皮后，先用滤网磨碎，再用凉白开稀释。
3. 土豆去皮，煮熟，磨碎，加入南瓜中。

香蕉奶糊

材料
香蕉 …… 20 克
婴儿奶粉 …… 5 克

做法
1. 香蕉用保鲜膜包好（如照片所示），放入微波炉中加热20秒，待其冷却后撕去外皮，用滤网磨碎。
2. 将冲泡好的奶粉拌入步骤1的香蕉中。

鱼肉洋葱汤

材料
鱼肉 …… 5 克
洋葱 …… 10 克

做法
1. 洋葱切成碎末（如照片所示），与去皮的鱼肉、水一起放入容器中，蒙上保鲜膜，用微波炉加热90秒。
2. 充分搅拌步骤1的混合食材，待其冷却后，用滤网磨碎。

我常常用它制作南瓜泥和红薯泥。将食材切成块，用微波炉煮熟，然后将其捣碎即可。（福冈县 玛雅妈妈 宝宝8个月）

用舌搅碎期

第 3 章 速成断奶餐简单做

小沙丁鱼粥

材料
小沙丁鱼干 …… 10 克
5 倍粥 …… 30 克

做法
1. 小沙丁鱼干切碎，加少许水，放入耐热器皿中（如照片所示），用微波炉加热 1 分钟。
2. 小沙丁鱼沥干水分，放在 5 倍粥上。

西蓝花豆腐面包粥

材料
西蓝花 …… 20 克
豆腐 …… 15 克
切片面包 …… 1 片

做法
1. 将西蓝花的花蕾部分和面包分别切成碎末，放入耐热器皿中，加少许水，蒙上保鲜膜，用微波炉加热 90 秒。
2. 将豆腐用手掰成小块（如照片所示），加入耐热器皿中，蒙上保鲜膜，用微波炉再加热 30 秒，取出后充分搅拌。

鱼肉拌番茄

材料
鱼肉 …… 15 克
番茄 …… 20 克

做法
1. 将去除鱼刺和外皮的鱼肉装入耐热擂钵中，蒙上保鲜膜，用微波炉加热 1 分钟。取出后，将其捣碎（如照片所示）。
2. 番茄去皮、去子后，用微波炉加热 30 秒，取出后捣碎。将步骤 1 的鱼肉加入番茄中，边搅拌边喂给宝宝吃。

土豆丝沙拉

材料
土豆 …… 20 克
圆白菜 …… 10 克
鸡胸肉 …… 10 克

做法
1. 土豆削去外皮，用切片器切成细丝后，放入水中浸泡片刻，捞出后沥干水分；圆白菜和鸡胸肉切成碎末。
2. 将步骤 1 的食材和水放入耐热器皿中（如照片所示），蒙上保鲜膜，用微波炉加热 2 分钟。取出后，用汤匙边捣土豆丝边搅拌。

妈妈的经验之谈 土豆带皮洗，南瓜也带皮切，之后包上保鲜膜，放入微波炉中加热。取出后再去皮，你会发现，比加热之前去皮容易。

豆腐拌蔬菜

材料
胡萝卜、西蓝花 共20克
嫩豆腐 30克

做法
1. 将胡萝卜去皮，与西蓝花切成碎末后，放入耐热器皿中，加入水，蒙上保鲜膜，用微波炉加热2分钟，取出后沥干水分。
2. 将捣碎的嫩豆腐加入步骤1中（如照片所示），用微波炉再加热1分钟。取出后将三者混拌一起。

三文鱼红薯乌冬面

材料
红薯 20克
乌冬面 20克
三文鱼 10克

做法
1. 红薯浸湿后，包上保鲜膜，用微波炉加热1分钟，取出后剥去外皮（如照片所示），捣成碎末；乌冬面切成碎末，用沸水焯一下。
2. 三文鱼去除外皮和鱼刺后，用水洗净，切成碎末。将三文鱼、步骤1的食材、水放入耐热器皿中，蒙上保鲜膜，用微波炉加热1分钟。

纳豆南瓜泥

材料
纳豆 10克
南瓜 10克

做法
1. 将纳豆和去皮的南瓜放入耐热器皿中（如照片所示），蒙上保鲜膜，用微波炉加热90秒。
2. 用汤匙的背部将南瓜捣碎后，与纳豆搅拌在一起。

苹果沙丁鱼粥

材料
苹果 10克
米饭 10克
小沙丁鱼干 2克

做法
1. 小沙丁鱼干用水洗去盐分，切成碎末；苹果去皮，切成粗碎；米饭切成碎末。
2. 将步骤1的食材和适量水加入耐热器皿中（如照片所示），蒙上保鲜膜，用微波炉加热1分钟，闭火后再闷一会儿。

牙龈咀嚼期

蔬菜条

材料
- 胡萝卜 ……… 10 克
- 南瓜 ………… 10 克
- 西蓝花 ……… 10 克

做法
1. 将胡萝卜切成长条；将去皮的南瓜和西蓝花分别切成方便食用的大小。
2. 用沾湿的厨房纸和保鲜膜先后包上蔬菜，用微波炉加热 2 分钟（如照片所示）。

蔬菜配鸡肉丸

材料
- 胡萝卜 ……… 25 克
- 鸡胸肉 ……… 10 克
- 洋葱 ………… 5 克
- 淀粉 ………… 2 克

做法
1. 胡萝卜削去外皮，切成小块，放入耐热器皿中，加入稍没过胡萝卜的水，蒙上保鲜膜，用微波炉加热 90 秒。
2. 将鸡胸肉和洋葱切成碎末，拌入淀粉后，揉成大小适中的小丸子。将丸子与步骤 1 的胡萝卜一起放入耐热器皿中（如照片所示），蒙上保鲜膜，用微波炉加热 90 秒。

什锦饭饼

材料
- 软饭 ………… 80 克
- 虾仁 ………… 5 克
- 青海苔 ……… 4 克
- 面粉 ………… 5 克

做法
1. 虾仁洗净，切成碎末，与青海苔、面粉一起拌入软饭中（如照片所示）。若不好搅拌，可以加入少量水。
2. 将步骤 1 的混合食材捏成饼状，排列在耐热器皿上，用微波炉加热 1 分钟。

妈妈的经验之谈　可将宝宝的那份食物放入粉篱中，只需将粉篱挂在锅边，即能煮熟，省时又省事。（石川县 元子妈妈 宝宝 10 个月）

什锦豆腐块

材料

豆腐 ………… 1/6 块
菠菜 ………… 10 克
南瓜 ………… 10 克
鸡蛋 ………… 1/4 个

做法

1. 将豆腐放入耐热器皿上，用微波炉加热 1 分钟，取出后轻轻挤出水分。
2. 将切成碎末的菠菜和南瓜放入耐热器皿中，用微波炉加热 1 分钟。
3. 将步骤 1、2 的食材与打散的鸡蛋搅拌一起后，将其铺在耐热器皿上（如照片所示），蒙上保鲜膜，用微波炉加热 2 分钟，待其冷却后切成小方块。

煮苹果芦笋

材料

苹果 ………… 15 克
芦笋 ………… 15 克

做法

1. 苹果去皮，切成小块，放入耐热器皿中，加入少许水，蒙上保鲜膜，用微波炉加热 1 分钟。
2. 芦笋去外皮，切小段，放入耐热器皿中，加入少许水（如照片所示），蒙上保鲜膜，用微波炉加热 30 秒。取出后，搅拌一下，再加热 30 秒。取出后与步骤1的苹果盛在一起。

草莓面包布丁

材料

切片面包 ………… 1/2 片
草莓 ………… 1 颗
鸡蛋 ………… 1/3 个
牛奶 ………… 30 克

做法

1. 将切片面包切去面包边后，切成小方块；草莓切成块；鸡蛋打散，与牛奶混在一起。
2. 将面包和草莓摆在耐热器皿上（如照片所示），淋上蛋液后静置一会儿。待蛋液渗入面包后，蒙上保鲜膜，加热 90 秒。

自由咀嚼期

第3章 速成断奶餐简单做

什锦盖饭

材料
米饭 …………… 80克
白菜 …………… 20克
菠菜 …………… 10克
胡萝卜 ………… 10克
鸡肉 …………… 10克
水淀粉 ………… 少许

做法
1. 将白菜、菠菜、胡萝卜切成方便食用的大小。
2. 将鸡肉切末,和步骤1的食材加少许水,蒙上保鲜膜,用微波炉加热2分钟(如照片所示)。取出后拌入水淀粉,再加热30秒。取出后将其混拌均匀制成浇汁。
3. 将米饭盛入碗中,浇上步骤2的浇汁。

菠菜面包饼

材料
菠菜(叶尖)… 15克
切片面包 ……… 3/4片
鸡蛋 …………… 1/2个
牛奶 …………… 40克

做法
1. 菠菜洗净,用保鲜膜包上,放入微波炉中加热20秒,取出后浸泡片刻,切成碎末,用厨房纸吸干水分(如照片所示)。
2. 面包切成碎末后,与步骤1的菠菜、鸡蛋、牛奶、水放入耐热器皿中,蒙上保鲜膜后,用微波炉加热30~60秒。待冷却后,将其切成方便食用的大小。

鱼肉乌冬面

材料
鱼肉 …………… 15克
乌冬面 ………… 100克
菠菜、香菇 … 共20克
鸡蛋 …………… 1/2个

做法
1. 鱼肉切碎,放入耐热器皿中,加少许水,放入微波炉中加热2分钟后,将其过滤(如照片所示)。
2. 将焯过的乌冬面、菠菜和香菇切成方便食用的大小。
3. 将步骤2的食材加入步骤1中,用微波炉加热90秒。取出后加入打散的鸡蛋,再加热1分钟,使鸡蛋内外全熟。

鱼肉浇芋头

材料
芋头 …………… 60克
鱼肉 …………… 20克
菠菜 …………… 10克
泡发海带 ……… 3克
淀粉 …………… 少许

做法
1. 芋头浸湿后用保鲜膜包上,放入微波炉中加热30秒,取出后去外皮,将其切成小丁;菠菜、海带切成碎末;将去除外皮、削成薄片的鱼肉抹上淀粉。
2. 在耐热器皿中放入菠菜、海带、水、鱼肉(如照片所示),蒙上保鲜膜,用微波炉加热1分钟,边捣碎鱼肉边将其混拌均匀,浇在芋头上。

妈妈的经验之谈 我为平底锅划分了区域,右侧是大人的食物,左侧是宝宝的食物。用一个平底锅便能同时炒、煮亲子饭。若是用铝箔

鸡肉拌饭

材料
- 洋葱 …… 10 克
- 胡萝卜 …… 10 克
- 鸡肉 …… 10 克
- 米饭 …… 60 克

做法
1. 将洋葱、胡萝卜、鸡肉切成方便食用的大小，放入稍大一点的耐热器皿中，蒙上保鲜膜，用微波炉加热1分钟（如照片所示）。
2. 取出耐热器皿，加入米饭轻轻搅拌后，再加热1分钟。取出后搅拌均匀。

米饭猪肉肠

材料
- 猪肉 …… 20 克
- 洋葱 …… 20 克
- 胡萝卜 …… 20 克
- 米饭 …… 40 克

做法
1. 洋葱和胡萝卜分别切碎，一起放入耐热器皿中，蒙上保鲜膜，用微波炉加热1分钟；猪肉和米饭分别切碎后，与洋葱、胡萝卜混拌一起。
2. 用保鲜膜将步骤1的混合食材卷成香肠状，拧紧两端后（如照片所示），放入微波炉中加热1分钟，翻面再加热1分钟。取下保鲜膜，将其切成方便食用的大小。

黄豆猪肉拌面

材料
- 海带 …… 3 克
- 胡萝卜 …… 20 克
- 猪肉 …… 15 克
- 淀粉 …… 5 克
- 水煮黄豆 …… 10 克
- 挂面 …… 40 克

做法
1. 将海带和水装入耐热器皿中，用微波炉加热1分钟（不用蒙保鲜膜），取出后，使之自然冷却（如照片所示）。
2. 胡萝卜去皮、切碎，与切碎的猪肉、淀粉混拌一起。
3. 黄豆去薄皮；挂面折成两半，用沸水焯一下。
4. 海带中放入黄豆，加入步骤2的混合食材。
5. 蒙上保鲜膜，用微波炉加热1分钟，加入挂面，轻轻搅拌一下，再次蒙上保鲜膜，放入微波炉中加热30秒。

猪肉卷香蕉

材料
- 香蕉 …… 40 克
- 猪肉 …… 15 克
- 面粉 …… 少许

做法
1. 用滤网将面粉筛到猪肉上，放上切碎的香蕉，卷成卷儿。
2. 用保鲜膜包上，先加热30秒，翻面再加热20秒（如照片所示）。待热气散去，将其切成一口大小。

蒸东西，即使配料大小不同，也能同时做好。（三重县 小秋妈妈 宝宝1岁6个月）

冷冻型断奶餐

冷冻型断奶餐可以让认为每次制作少量食物是件麻烦事的妈妈不再烦恼。统一做好后分成小份,既省时又省事,它也非常适合职场妈妈。冷冻前按照各个断奶期的特点将食材做成相应的软硬度和大小即可。请在一周内用完。

冷冻的基本技巧

花点时间将食物分成小份,以便每次都能快速取出。冷冻前请确认食物已完全冷却。为了在最短时间内将其冷冻,将食材平铺开,不要叠放。用微波炉一次性完成解冻和烹饪这两项工作,能加快速度。

■适合冷冻的食物
米粥、米饭、面包、乌冬面、意面等主食,可以冷冻。含脂肪较少的肉、鱼(金枪鱼、竹荚鱼等)、鱼干、去皮的香蕉、煎鸡蛋、搅好的生奶油等,也可以冷冻。

■做成半成品即可冷冻
绿叶蔬菜、豆角、芦笋、胡萝卜、西蓝花等蔬菜,用沸水焯过后再冷冻。薯类食材冷冻前,先煮软、捣碎。炒过的洋葱和白萝卜,磨碎后即可冷冻。

■不适合冷冻的食物
含水分较多的黄瓜、含膳食纤维较多的竹笋等蔬菜,不适合在家冷冻。此外,生鸡蛋、含脂肪较多的肉、蛋黄酱、豆腐等食材,也不适合冷冻。

除了市面上销售的小尺寸容器外,装过冰激凌和婴儿食品的容器,也可以再度使用。

糊状蔬菜等食材,可以先按每份10克分成小份,再放在烤盘纸上冷冻。待冻好后,从烤盘纸上取下,装入密封容器或冷冻专用袋中。

制冰盒适合用来冷冻含水分较多的柔软食材。只要记住每个方格能装多少食材,想用时便能马上取出需要的分量。

若用保鲜膜包上食材冷冻,有时会看不清里面的食材。最好按类别将食材装入不同的密闭容器中,也可在容器的外侧写上冷冻日期和食材名称。

装入冷冻袋的蔬菜,有时会出现因冻成一团而难以分成小份的情况。解决这个问题有两个方法:①冷冻前先弄散;②冷冻2~3小时后,取出来揉搓一下,再放回冰箱冷冻。

妈妈的经验之谈 由于孩子大一点时总是跑来跑去,所以只能在宝宝睡下后用冷冻食材制作断奶餐。只要在闲暇时做好冷冻食材,便可

添加了冷冻食材的美味食谱

米粥

胡萝卜泥煎豆腐

材料
- 豆腐 …………… 30 克
- 胡萝卜 ………… 10 克
- 冷冻米粥 ……… 20 克

做法
用平底锅煎好豆腐。将捣碎的胡萝卜加入冷冻米粥中，用微波炉加热 1 分钟。取出后搅拌均匀，浇在豆腐上。

自由咀嚼期

冷冻的诀窍

可以将米粥装入制冰盒中，将其冻成方块状，也可以将其装入冷冻专用密封袋中。将所需软饭分成小份，用保鲜膜包上，便不会浪费。

菠菜

菠菜奶汁

材料
- 冷冻菠菜 ……… 10 克
- 奶粉 …………… 5 克

做法
在小锅中加入菠菜，倒入冲调好的奶。待菠菜解冻后，充分搅拌，使之完全煮熟。

冷冻前将菠菜焯水。若是磨碎的菠菜，放入制冰盒中冷冻更为方便。菠菜含膳食纤维较多，预煮时须煮透。

整吞整咽期

冷冻的诀窍

整吞整咽期
将叶尖焯好，切成粗碎，将其捣碎或用滤网磨碎。

用舌头碾碎期
将叶尖焯好后，从纵向和横向各切一次，将其切成碎末。

牙龈咀嚼期
菠菜叶焯好后，切成粗碎，菠菜茎切成碎末。

自由咀嚼期
菠菜焯好后，将茎叶切成小段。

以从容地应对每个忙碌的白天。（大阪府 真弓妈妈 宝宝 9 个月）

第3章 速成断奶餐简单做

橘汁煮胡萝卜红薯

牙龈咀嚼期

冷冻的诀窍

冷冻前务必用水将其煮软。若将其分成小份，下次制作断奶餐时便会轻松很多。

材料

冷冻胡萝卜（粗碎）20克
红薯 …………… 15克
橘汁 …………… 10克
水淀粉 …………… 少许

做法

1. 红薯去皮，切成薄片后，放入稍盖过红薯的水中煮，待煮软后，在锅中将其捣碎。
2. 将冷冻胡萝卜和橘汁加入步骤1中，边搅拌边煮片刻，最后用水淀粉勾芡。

胡萝卜

蠕舌蠕咽期
切成小条，放入水中煮软后，将其磨碎。

用舌搅碎期
切成长方块，放入水中煮软后，将其切成碎末。

牙龈咀嚼期
切成5毫米见方的小丁，放入水中煮软。

自由咀嚼期
切成1厘米见方的小块，放入水中煮软。

自由咀嚼期

南瓜金枪鱼饼

材料

冷冻南瓜（1厘米见方的小块）…… 30克
金枪鱼罐头 …… 15克
葱末 …………… 5克
牛奶 …………… 20克
面粉 …………… 30克
植物油 …………… 少许

做法

1. 将南瓜解冻。
2. 将金枪鱼、葱末、牛奶、面粉倒入碗中混拌均匀，加入步骤1的南瓜。
3. 在平底锅中烧热油后，将步骤2的南瓜混合物舀入锅中，煎至两面金黄。

南瓜

冷冻的诀窍

南瓜冷冻前先去皮、去子，放入水中煮软，以便下次可以马上使用。若是冷冻南瓜泥，将其摊成薄薄的一层后，压出几道折痕，以便下次使用时能快速取出。

蠕舌蠕咽期
先切成小块，煮软，再捣成滑溜状。

用舌搅碎期
先切成小块，煮软，再捣成碎末。

牙龈咀嚼期
切成5毫米见方的小丁，放入水中煮软。

自由咀嚼期
切成1厘米见方的条，放入水中煮，建议煮得稍硬一点。

妈妈的经验之谈 将食材分成小份装在制冰盒中冷冻时，可以按"1大匙1格""1小匙1格"等规格分成不同的分量。这样在做断奶

鱼肉

牙龈咀嚼期

奶香鱼肉西蓝花

材料
冷冻鱼肉（粗碎）10克
西蓝花 …………… 30克
奶油 ……………… 10克
黄油 ……………… 少许
奶酪 ……………… 少许

做法
1. 冷冻鱼肉用微波炉解冻。
2. 西蓝花焯软后，切成粗碎。
3. 将奶油与鱼肉、西蓝花混拌一起后，将其倒入抹了薄薄一层黄油的耐热器皿中，撒上奶酪，放入烤箱中烤3分钟，烤至表面略泛焦黄即可。

冷冻的诀窍

鱼肉放入沸水中焯过后，先去除外皮和鱼刺，再将其分成小份，装入专用纸杯中冷冻。请在1周内用完。

吞咽期	**用舌搅碎期**	**牙龈咀嚼期**	**自由咀嚼期**
焯过后，用擂钵将其捣成滑溜状。	焯过后，用叉子将其捣碎。	焯过后，用叉子将其分成5毫米长的长条。	焯过后，用叉子将其分成1厘米长的长条，也可切成小块。

鸡胸肉

鸡胸肉去筋后，放入水中焯一下，将里外煮熟。按照每次的进食量分成小份后再冷冻。

冷冻的诀窍

鸡肉挂面

材料
冷冻鸡胸肉（糊状）10克
细挂面 …………… 20克
豆角 ……………… 适量
胡萝卜 …………… 适量

做法
1. 挂面煮软后，用水洗去盐分，切成小段。
2. 将鸡胸肉、挂面放入锅中煮片刻。
3. 将去筋的豆角和胡萝卜放入沸水中焯一下，切成碎末，撒在挂面上。

用舌搅拌期

吞咽期	**用舌搅碎期**	**牙龈咀嚼期**	**自由咀嚼期**
不可喂食 即使脂肪少，也不能喂食。	焯过后，先撕碎，再用擂钵捣碎。	焯过后，先切成小块，再捣碎。	焯过后，先撕成小条，再切成1厘米长的小块。

餐时方便掌握用量。（神奈川县 樱花妈妈 宝宝10个月）

烤饼

牙龈咀嚼期

香蕉烤饼

材料

香蕉 …………………… 10 克
冷冻烤饼 ……………… 30 克
黄油 …………………… 少许

做法

将香蕉和解冻后的烤饼切成小块后，用少许黄油翻炒一下即可。

冷冻的诀窍

将烤饼放在未放油的平底锅上焙烤，待其冷却后，用保鲜膜包上，平放入冰箱中冷冻。烤饼即使处于冷冻状态，也能用菜刀轻松切开。若烤饼较薄，则可以让其自然解冻。

冷冻后

意面

蔬菜意面汤

用舌搅碎期

材料

洋葱 …………………… 10 克
胡萝卜 ………………… 10 克
鸡肉 …………………… 5 克
冷冻意面 ……………… 10 克

做法

将切成碎末的洋葱、胡萝卜、鸡肉放入锅中翻炒片刻后，加入水和解冻后切成小段的意面，煮5分钟即可。

冷冻的诀窍

冷冻后

待意面充分冷却后，先用保鲜膜包上或将其装入冷冻专用密封袋中，再将其平放入冰箱中冷冻。即使冷冻至与蔬菜、乌冬面相同的状态，也能将其磨碎。将其半解冻后，即可用刀切开。由于即使粘在一起，也能用水将其泡开，所以保存前无需拌入油。

妈妈的经验之谈　将食材平放入可以密封的冷冻袋中后，如果用筷子压出几道压痕，解冻前只需掰断便能取出所需分量。（山梨县 麻里）

整吞整咽期

洋葱番茄泥

材料（做好的成品约120克，相当于整吞整咽期前半期30次的喂食量）

洋葱 …………… 100 克
番茄 …………… 340 克

做法

1. 番茄去蒂，放入开水中浸泡10秒，去皮、去子，切成大块。
2. 将洋葱直接磨入小锅中，用中火加热，边搅拌边煮5分钟。
3. 加入番茄，中火煮10分钟，将汁液煮干即可。

冷冻的诀窍

冷冻后

待番茄泥充分冷却后，先将其平放入冷冻专用保存袋中，再放入冰箱冷冻。每次使用只需将其掰折，便可取出。

↓ 组 合 型 食 谱 ↓

整吞整咽期

番茄土豆泥

材料

土豆 …………… 20 克
番茄泥 ………… 10 克

做法

1. 土豆去皮，切成片，放入稍盖过食材的水中炖煮，待煮沸后，用小火再煮7分钟。
2. 用滤网将土豆磨碎后，加入水稀释。
3. 将用微波炉热好的番茄泥浇在步骤2的土豆泥上。边搅拌边喂给宝宝吃。

用舌搅碎期

番茄奶酪圆白菜

材料

圆白菜 ………… 20 克
白干酪 ………… 10 克
番茄泥 ………… 10 克

做法

1. 圆白菜切去硬心，煮软后，挤干水分，切成碎末。
2. 用滤网将白干酪磨碎，拌入圆白菜中。
3. 将用微波炉热好的番茄泥浇在步骤2的圆白菜上。

牙龈咀嚼期

煮胡萝卜小油菜小沙丁鱼

材料（做好的成品约 200 克，相当于牙龈咀嚼期前半期 7 次的喂食量）

胡萝卜 …………… 100 克
小油菜（叶尖）…… 50 克
小沙丁鱼干 ………… 25 克

做法

1. 将胡萝卜切成 1 厘米见方的小块，放入水中煮 5 分钟，再加入小油菜。

2. 再煮 1~2 分钟后，捞出小油菜和胡萝卜，放入冷水中浸泡。待其冷却后，沥干水分，将小油菜切碎。

3. 将小沙丁鱼干放入滤网中，用开水浇淋，以去除多余的盐分。

4. 小锅中放入胡萝卜，将其煮软，加入小油菜和小沙丁鱼干，煮至汁液收干。

冷冻的诀窍
待成品充分冷却后，先将其平放入冷冻专用保存袋中，再放入冰箱冷冻。使用前请加热。

组合型食谱

用舌搅碎期
小沙丁鱼蔬菜面

材料
细挂面 …………… 10 克
水淀粉 …………… 少许
煮胡萝卜小油菜
小沙丁鱼 ………… 10 克

做法

1. 挂面煮软后，用凉水冲洗，捞出沥干后，将其切成碎末。

2. 将 1/2 杯水放入小锅中煮沸后，加入步骤 1 的挂面煮 1~2 分钟，用水淀粉勾芡，盛入器皿中。

3. 待煮胡萝卜小油菜小沙丁鱼解冻后，将其捣碎。用微波炉煮沸后，浇在步骤 2 的挂面上，边搅拌边喂给宝宝吃。

自由咀嚼期
蔬菜酸奶三明治

材料
原味酸奶 ………… 10 克
切片面包 ………… 2 片
煮胡萝卜小油菜
小沙丁鱼 ………… 20 克

做法

1. 用微波炉将煮胡萝卜小油菜小沙丁鱼煮沸后，趁热将其磨成碎末，使之自然冷却。

2. 加入酸奶并搅拌。

3. 将步骤 2 的混合食材夹入面包片中，用保鲜膜包上，放入微波炉加热片刻，取出静置片刻，将其切成一口大小。

妈妈的经验之谈 香蕉放入冰箱冷冻前，先把去皮的香蕉放入冷冻专用保存袋中，再用手将其捏碎。使用前掰出一部分即可。用它做芡

* 本小节介绍的食材用量均以成人 2 份 + 宝宝 1 份为标准

将成人饭菜匀给宝宝吃的 5 大要领

匀自成人饭菜的断奶餐

若将成人的饭菜和宝宝的断奶餐放在一起制作，省时又省力。其诀窍是，在做准备时匀出宝宝的食物。若能选好食材，从整吞整咽期开始便可以如此操作。

1 用宝宝可以吃的食材制作饭菜

设计成人食谱时，应选用宝宝在每个断奶期可以吃的食材。每个阶段宝宝吃的食材为2~3种。

2 在"已完成烹饪准备、未加调料前"匀出宝宝的食物

这是每个断奶期都可以使用的方法。将食材切好、煮软后，匀出宝宝的食物。喂宝宝吃之前只需将食物磨碎或切碎。而成人的食物则加入调味料即可食用。

3 匀出食物后可以再加入 1 种食材

将匀出的食物加工至宝宝能吃的软硬程度后，若再加入1种宝宝可以吃的食材，能使营养更加均衡、味道更加丰富。

4 烹饪时少用油

除了炒菜、煎炸食物中含有油外，肉、鱼等食材中也含有脂肪。无论是用平底锅做菜，还是用微波炉加热食物，尽量采用无油烹饪法。

5 稀释匀出的食物的味道

一般情况下，成人的饭菜即使做得很清淡，对宝宝而言也会味道过重。请用开水冲洗味道较浓的部分，或用米粥稀释味道。将味道尚未渗入的食物中心部分作为宝宝的食物，也是一个好办法。

汁或甜点，十分方便。（石川县 小葵妈妈 宝宝9个月）

蛤蜊意面番茄汤

材料

意式通心粉 …………… 100 克
洋葱 …………………… 1/4 个
水煮番茄 ……………… 50 克
橄榄油 ………………… 少许
甜椒（红、黄）………… 各 1/3 个
带壳蛤蜊（去沙）……… 20 个
盐、胡椒粉 …………… 各少许

做法

1. 将通心粉放入沸水中焯一下。
2. 洋葱切成碎末，甜椒切成小块，蛤蜊洗净。
3. 在平底锅中烧热橄榄油后，先加入洋葱翻炒，再加入磨碎的番茄，煮 3 分钟后，加入水和甜椒，煮至甜椒变软。
4. 将蛤仔和通心粉加入步骤 3 中煮，用盐、胡椒粉调味，待蛤蜊张口后盛入器皿中。

制作断奶餐

用舌搅碎期
番茄通心粉

做法

1. 在做成人的番茄汤步骤 3 时，加入甜椒前匀出 1/4 杯，用等量的开水稀释。
2. 将焯过的通心粉 20 克切碎，加入步骤 1 中煮。

牙龈咀嚼期
蛤蜊意式通心粉

做法

1. 将 3 个蛤蜊和 1/2 杯水放入锅中煮，待蛤蜊开口后，取出蛤蜊肉，将其切碎。
2. 将 40 克焯过的通心粉切成米粒状。
3. 用滤网过滤蛤蜊的煮汁，用煮汁煮步骤 1 的蛤蜊和步骤 2 的通心粉。

自由咀嚼期
番茄意面

做法

1. 从成人的水煮番茄中匀出 3 大匙，用 1 大匙水稀释。
2. 将 50 克焯过的通心粉切成圆片，倒入步骤 1 中。也可以将成人吃的蛤蜊匀出一部分，切碎后加入其中。

> **妈妈的经验之谈** 每日做 3 顿断奶餐，是一件麻烦事。断奶餐与成人三餐一起制作时，制作断奶餐便成了一件乐事。（长野县 悦子妈）

白萝卜炖鸡翅尖

材料
- 白萝卜　1/3 根
- 鸡翅尖　6 个
- 酱油　　20 克
- 甜酒　　20 克

做法
1. 白萝卜去皮后,切成滚刀块。给宝宝食用,则切成薄圆片。将这两种不同形状的白萝卜分别放入沸水中焯一下。鸡翅尖放入开水中浸泡片刻,以去除多余的脂肪。
2. 将白萝卜放入锅中炖煮,待煮开后转中火煮至萝卜变软。
3. 将鸡翅尖放入步骤 2 的锅中煮 10 分钟,使鸡翅尖完全煮熟。
4. 将酱油和甜酒加入步骤 3 中,使味道渗入食材中。

制作断奶餐

整吞整咽期
萝卜粥

做法
从上述成人炖菜的步骤 2 中匀出 10 克萝卜,将其捣成滑溜状。将萝卜泥放在 30 克磨成碎末的 10 倍粥上。

用舌搅碎期
萝卜豆腐汤

做法
从上述成人炖菜的步骤 2 中匀出 20 克萝卜,加入捣碎的 15 克豆腐、少量焯过的萝卜叶碎稍煮片刻。

牙龈咀嚼期
豆腐拌萝卜鸡翅

做法
1. 从上述成人炖菜的步骤 2 中匀出 20 克萝卜,从步骤 3 中匀出 10 克去除骨头和外皮的鸡翅尖。
2. 将白萝卜切成方便食用的大小;鸡翅尖戳碎;1 小匙羊栖菜放入热水中浸泡,切成碎末。将三者拌在一起。
3. 15 克豆腐捣碎后,拌入步骤 2 中。

自由咀嚼期
萝卜鸡翅羊栖菜拌饭

做法
1. 从上述成人炖菜的步骤 2 中匀出 20 克萝卜,从步骤 3 中匀出 20 克去除骨头和外皮的鸡翅尖,加入少量焯过的萝卜叶碎末。
2. 将白萝卜切成方便食用的大小;鸡翅尖捣碎;2 小匙羊栖菜放入热水中浸泡,切成碎末。
3. 将步骤 2 的食材与萝卜叶拌入 90 克软饭中。

咖喱南瓜牛肉

材料

南瓜	300 克
牛瘦肉	200 克
洋葱	1/2 个
黄油	10 克
咖喱	3~4 块
大蒜	2 瓣

做法

1. 南瓜去蒂和子，切成小块；洋葱、大蒜切成碎末。
2. 将切末的牛瘦肉和 1/2 杯水放入锅中，炒至汁液消失。加入洋葱翻炒，炒至洋葱变透明。
3. 将去皮的南瓜和 2 杯水加入步骤 2 中，待煮沸后撇去浮沫，用中火再煮 15 分钟，将南瓜煮软。闭火后，放入咖喱搅拌，使之化成糊状。
4. 在平底锅中将黄油化开，加入大蒜翻炒，炒至表面变色后，加入步骤 3 中。

制作断奶餐

整吞整咽期　南瓜橙子糊

做法

1. 从上述成人菜肴的步骤 1 中匀出 1~2 块南瓜（10 克）。
2. 南瓜用保鲜膜包上，放入微波炉中加热 30 秒，取出后撕去外皮，加入去皮、去子的橙子，一起捣成糊。

用舌搅碎期　奶酪南瓜泥

做法

1. 从上述成人菜肴的步骤 1 中匀出 2~3 块南瓜（20 克）。
2. 南瓜用保鲜膜包上，放入微波炉中加热 1 分钟，取出后撕去外皮，趁热用叉子将其捣碎后，与 10 克白干酪混拌一起。

牙龈咀嚼期　牛肉盖浇饭

做法

1. 从上述成人菜肴的步骤 3 中匀出 20~25 克牛肉和洋葱（牛肉控制在 15 克以下）。
2. 将匀出的食材与 1/2 杯水放入耐热器皿中，用微波炉加热 40 秒。
3. 将少许水淀粉加入步骤 2 中，用微波炉再加热 10 秒，做成芡汁浇盖在 80 克软饭上。

自由咀嚼期　牛奶炖牛肉

做法

1. 从上述成人菜肴的步骤 3 中匀出牛肉、南瓜和洋葱共 50 克（牛肉控制在 20 克以下）。
2. 将匀出的食材与 1/2 杯水、1 大匙牛奶放入耐热器皿中，用微波炉加热 1 分钟。

妈妈的经验之谈 在无暇考虑食谱的忙碌日子，含有很多配料的酱汤是不错的选择。宝宝的断奶餐也可以从配料中匀出一部分。（三重

什锦乌冬面

材料

乌冬面	1 团
培根	2 片
洋葱	100 克
小番茄	5~6 个
红叶生菜	1 片
鱼片	适量
酱油	10 克

做法

1. 培根切成 2 厘米宽，洋葱切成薄片，小番茄横向对半切开，红叶生菜用手撕碎，乌冬面轻轻散开。
2. 将乌冬面、培根、洋葱装入耐热器皿中，淋入 2 大匙水，蒙上保鲜膜，用微波炉加热 2 分钟。取出并充分搅拌后，再加热 2 分钟。
3. 取出后充分搅拌，拌入酱油，再加热 2 分钟。
4. 趁热拌入小番茄和红叶生菜，盛入器皿中，撒上鱼片。

制作断奶餐

整吞整咽期
番茄乌冬面

做法

1. 从上述成人什锦乌冬面的步骤 1 中匀出 1 个小番茄、10 克乌冬面。
2. 乌冬面、水一起放入耐热器皿中，用微波炉加热 90 秒，取出后用滤网磨碎。
3. 番茄去皮、去子后放入耐热器皿中，用微波炉加热 10 秒，用滤网磨碎，加入步骤 2 中。若不易吞咽，可用水稀释。

用舌搅碎期
奶酪乌冬面

做法

1. 从上述成人什锦乌冬面的步骤 1 中匀出 1 个小番茄、1 小片红叶生菜，从步骤 2 中匀出 30 克乌冬面、4~5 片洋葱。
2. 乌冬面、洋葱和红叶生菜切碎后放入耐热器皿中，加入 1/4 杯水，用微波炉加热 90 秒。
3. 小番茄切十字，放入微波炉中加热 10 秒，取出后去皮、去子，切成碎末。将番茄与步骤 2 的食材混拌一起，撒上少许奶酪粉。

牙龈咀嚼期
蔬菜乌冬面

做法

1. 从上述成人什锦乌冬面的步骤 1 中匀出 1 个小番茄和 2 小片红叶生菜，从步骤 2 中匀出 60 克乌冬面、4~5 片洋葱。
2. 乌冬面切成小段，洋葱、生菜、番茄切成粗碎。
3. 将步骤 2 的食材放入耐热器皿中，加入少许水，用微波炉加热 1 分钟，撒上少量奶酪粉。

自由咀嚼期
蔬菜拌乌冬面

做法

1. 从上述成人什锦乌冬面的步骤 1 中匀出 2 个小番茄、3 小片红叶生菜，从步骤 2 中匀出 100 克乌冬面、5~6 片洋葱。
2. 乌冬面切成方便食用的大小，与洋葱切成粗碎。将它们放入耐热器皿中，加入 2 大匙水，用微波炉加热 1 分钟，拌入切碎的生菜，撒上少许奶酪粉。
3. 番茄去皮、去子，加入乌冬面中。

健康豆浆锅

材料
白菜	1/6 棵
油菜	1 棵
大葱	1 根
土豆	1 个
口蘑	50 克
鸡腿肉	1 片
三文鱼	2 片
豆腐	1/2 块
乌冬面	1 团
豆浆	1.5 杯
生抽	20 克
甜酒	20 克

做法

1. 白菜切成一口大小，油菜从纵向对半切开，大葱斜切成小段，土豆切成厚片，口蘑去根、撕成小朵，豆腐切成方块，鸡腿肉和三文鱼切成一口大小。
2. 将豆腐和蔬菜煮软，放入鸡肉和三文鱼，煮至内外全熟。
3. 倒入豆浆煮沸后，下入乌冬面煮热，加入生抽和甜酒即可。

制作断奶餐

用舌搅碎期
日式炖蔬菜

做法

1. 从上述成人豆浆锅的步骤 1 中匀出 20 克除口蘑以外的蔬菜、30 克豆腐。
2. 将蔬菜切碎，煮软。
3. 将捣碎的豆腐加入步骤 2 中稍煮片刻后，用水淀粉勾芡。

牙龈咀嚼期
三文鱼杂烩粥

做法

1. 从上述成人豆浆锅的步骤 1 中匀出 20 克蔬菜、15 克三文鱼。
2. 蔬菜切成方便食用的大小，三文鱼去皮后切成碎末，60 克米饭切成粗碎。
3. 将 1/3 杯水放入小锅中煮沸后，加入步骤 2 的食材，将米饭煮成柔软的杂烩粥。

自由咀嚼期
蔬菜豆浆煮乌冬面

做法

1. 从上述成人豆浆锅的步骤 1 中匀出 30 克蔬菜、15 克鸡肉和三文鱼、1/3 团尚未入锅的乌冬面。
2. 蔬菜切成方便食用的大小；鸡肉和三文鱼去皮后，切成方便食用的大小；乌冬面焯过后，切成 3 厘米长的小段。
3. 将 1 杯水倒入小锅中煮，接着加入步骤 2 的食材，煮至乌冬面变软。

中式炖白菜

材料

- 白菜 ………… 1/6 棵
- 大葱 ………… 1 根
- 胡萝卜 ………… 50 克
- 香菇 ………… 2 朵
- 猪肉 ………… 150 克
- 姜末 ………… 2 小匙
- 香油 ………… 10 克
- 盐、胡椒粉 … 各少许
- 水淀粉 ………… 适量

做法

1. 白菜切成一口大小的块状；大葱斜切成小段；胡萝卜切成薄方块，香菇去蒂，切成薄片；猪肉切成一口大小。
2. 将步骤 1 的蔬菜和肉交叉放入锅中，倒入 1 杯水，盖上锅盖炖煮，用中火煮 10 分钟，将蔬菜煮软。
3. 将香油和姜末放入平底锅中，待炒出香味后，将步骤 2 的食材连带煮汁一起倒入锅中，将其混拌一起。
4. 加入盐、胡椒粉调味，用水淀粉勾芡，盛入器皿中。

白菜胡萝卜粥

做法

1. 从上述成人中式炖白菜的步骤 1 中匀出 10 克白菜和胡萝卜。
2. 白菜和胡萝卜放入耐热器皿中，加少量水，用微波炉加热 30 秒，煮软后将其磨碎。
3. 将白菜碎、胡萝卜碎与磨成滑溜状的 10 倍粥混拌一起。

用舌搅碎期
中式杂烩粥

做法

1. 从上述成人中式炖白菜的步骤 2 中匀出白菜、胡萝卜和香菇共 20 克。
2. 将步骤 1 的食材和 2 大匙米饭切成碎末。
3. 将 1/2 杯水倒入小锅中，加入步骤 2 的食材，将其煮软。

什锦盖饭

做法

1. 从上述成人中式炖白菜的步骤2中匀出30克蔬菜、20 克猪肉。
2. 蔬菜和猪肉切成方便食用的大小。
3. 将 1/4 杯水和步骤 2 的食材放入小锅中煮沸，淋入极少量香油，用水淀粉勾芡，浇盖在 90 克软饭上。

第4章

宝宝出现异常情况时的断奶餐

若宝宝能一直精力充沛地吃断奶餐,那当然是件好事。
但进展往往不会这么顺利,妈妈总会遇到一些麻烦。
为了宝宝能健康茁壮地成长,妈妈需要掌握很多知识。
只要妈妈掌握正确的知识,就一定能跨越每个难关。

食物过敏与断奶餐

食物过敏的发病机理

现在,食物过敏是妈妈们最担心的问题之一。不少妈妈都担心自己身上没有出现过的过敏症状,会出现在孩子身上。在此,我们希望各位妈妈用正确知识应对过敏现象,不要过分担心。

为什么会出现食物过敏症状

身体对食品中所含有的蛋白质等做出免疫反应,即食物过敏。免疫反应是对进入自己体内的异物做出防御反应的一种能力,而人的消化系统可以诱导免疫系统为预防出现过敏症状而设立屏障以及对已消化的东西发出"不用反应"等信号。由于食物的分子作为变态反应原(致敏物)被识别,需要一定的大小,所以只要蛋白质被完全消化,变成肽这种小单位的物质,则不易出现过敏症状。

但是,宝宝的消化吸收功能尚未发育成熟,很多时候蛋白质分子未转化成肽就被肠道吸收。因此,有时会出现过敏症状。

当皮肤出现皮疹或发痒时,请不要惊慌

皮肤症状作为具体的过敏反应,在婴儿期比较常见,主要表现有发痒、发红、出现湿疹或荨麻疹等。有时甚至会出现眼睛红肿、打喷嚏、流鼻涕、鼻塞等黏膜症状或腹泻、便秘、呕吐等消化器官症状。虽然这些症状在低月龄宝宝身上并不多见,但他们有时会出现喘气等呼吸器官症状。

另外,需注意的是,腹泻、呕吐、湿疹等症状,即使宝宝身体未过敏,有时也会出现。比如,皮肤因接触山药等东西而发痒,是由山药所含有的植物碱所致,而非食物过敏现象。有时嘴角出现的发红、溃烂等现象,其实是由食品所含盐分或口水引发的炎症。

食物过敏的症状

皮肤症状
发痒、出现荨麻疹、发红、出现湿疹(以婴儿期的宝宝为主)

眼部症状
发痒、红肿、流泪(以婴儿期的宝宝为主)

黏膜症状

咽喉呼吸症状
嘴部、舌头肿胀;咽喉发痒或有刺痛感;声音嘶哑、咳嗽、喘鸣、呼吸困难

鼻部症状
打喷嚏、流鼻涕、鼻塞

消化器官症状
腹痛、恶心、呕吐、腹泻、血便

全身性症状
全身性过敏反应

*参考资料:《2011年日本食物过敏营养指导手册》

不可依据主观判断限制某种食物

有的妈妈因为害怕宝宝食物过敏而一直控制某种食物的喂食量,殊不知,这些食物中含有宝宝成长过程中不可或缺的营养素。

先判断食物是否有导致过敏的风险,再向专业医生咨询。

容易引发食物过敏的食物

随着年龄的增长,婴幼儿期的主要致敏食物(鸡蛋、牛奶、小麦、大豆),大多数宝宝都逐渐可以吃了。一般,在3岁之前,50%的宝宝可以吃;在6岁之前,80%~90%的宝宝可以吃(因为已具备抵抗能力)。

	0岁	1岁	2~3岁
No.1	鸡蛋 55.6%	鸡蛋 41.5%	鱼子 20.1%
No.2	牛奶 27.3%	鱼子 14.9%	鸡蛋 16.6%
No.3	小麦 9.6%	牛奶 8.9%	花生 10.7%
No.4		花生 8.5%	牛奶 8.9%
No.5		水果、小麦 5.2%	小麦 5.2%

*数据来自本日2008年食物过敏监控调查

什么是全身性过敏反应

因食物、药物、蜂毒等原因引发的急性过敏反应的一种。皮肤以及呼吸器官、消化器官等全身多个内脏器官会出现症状。通常将伴有血压下降、意识丧失等威胁生命的过敏反应称为"过敏性休克"。

吃完后马上出现症状的过敏反应属于急性食物过敏

吃完后短时内出现过敏反应现象,被称为急性食物过敏。而在24~48小时内症状达到最高峰的过敏现象,则被称为迟发型食物过敏。吃药1~2天后出疹子,便属于这种类型。由于历经时间较长,所以有时人们不知道这是过敏反应。

当怀疑是食物过敏时，请做好检查

即使十分担心宝宝会食物过敏，也不可单凭自己的判断限制宝宝吃某种食物。在喂新食物前，请先确认它是否有致敏危险。

判断是否过敏的3大要领

1. 父母其中一方患过某些过敏性疾病，或出现过某些过敏症状
2. 孩子中有患过某些过敏性疾病，或出现过某些过敏症状
3. 宝宝身上出现疑似过敏症状

什么时候应该做检查？

虽然判断的标准是以上3点，但实际上很多时候，当宝宝开始吃断奶餐后才能判断宝宝是否对某些特定食物产生反应。若在开始吃断奶餐前没有出现可以判断为过敏的明显症状，那么预测以后是否会食物过敏是一件困难的事。

开始吃断奶餐后，若出现了某些症状，可以按照下面介绍的方法做检查，然后做综合诊断。

当觉得宝宝有些反常时，可以写饮食日记

诊断是否食物过敏，需要仔细观察宝宝吃这种食物时的状态，以及在医生的指导下做两种试验：观察宝宝未吃疑似致敏食物时的状态的"食物排除试验"和确认吃完疑似致敏食物后是否有过敏症状的"食物激发试验"。因此，在确定是否有过敏症状以及锁定疑似致敏食物时，"饮食日记"便能发挥大作用。

写饮食日记时，应将宝宝所有吃过的食物、症状以及进食时间一一记下。当宝宝还处于纯母乳喂养阶段时，请记录妈妈吃过的食物以及喂奶时间。

用加工食品（婴儿食品）做试验的方法

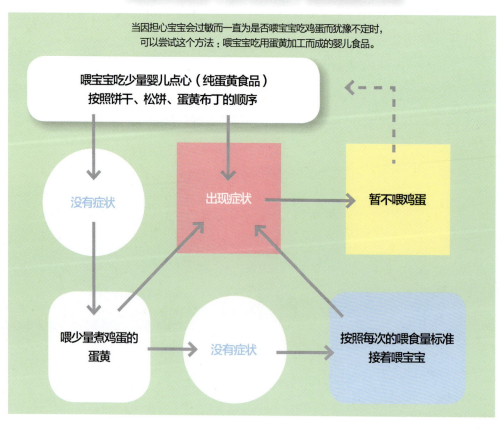

妈妈的经验之谈 宝宝4个月的时候被诊断为过敏性皮炎。由于一直母乳喂养，所以一翻看我自己的饮食日记，就知道很可能是鸡蛋惹

过敏检查

每项检查都有各自的优缺点,仅仅凭借某一项检查并不能诊断出是否过敏。请根据以下各项检查及症状做综合判断。

问诊
在详细听取家族过敏史、宝宝的体重增加情况、大便性状、让妈妈担心的症状等各种信息后,医生可以大致摸清宝宝的异常情况与哪类食物有关,接下来进入下一项检查。

血液检查
由于有些时候即使抗体值很低,症状也会很严重,所以做判断时有必要结合问诊信息及其他检查结果。此外,即使血液检查的结果显示为"阳性",需要限制某种食物的可能性也不到50%。请记住:是否限制某种食物,不能光看血液检查结果。

皮肤点刺试验
先在皮肤上刺出一小点——不出血的程度,然后将疑似致敏食物的提取物滴在伤口上,观察反应。若皮肤变红,则说明这种食物可能是致敏物。不过需注意的是,宝宝的皮肤很敏感,有时即使未过敏也会出现反应。请记住:是否限制某种食物,不能光看这项检查的结果。

排除试验
经过问诊和检查后,医生大致可以锁定致敏物。接下来需要观察完全禁食致敏物后,症状是否有所缓解。这也是一种治疗食物过敏的方法。若症状没有减轻,一般认为这种食物与过敏反应无关。请务必在医生的指导下做排除试验。

食物激发试验
这是一种通过让宝宝吃少量疑似致敏食物来确认症状的试验。请务必在医生的指导下做这种试验,切不可按照自己的方法独自操作。

易致敏食材一览表

大豆
大豆及大豆制品(黄豆粉也是大豆制品)。

乳制品
用牛奶调制、制作而成的所有食品。奶油、黄油也是乳制品。

荞麦面条
荞麦面条可能引起食物过敏。

肉类
牛肉 鸡肉 猪肉
除畜禽类,动物脂肪(猪油、牛油)也可能引发过敏。

鱼贝类
青花鱼 三文鱼 墨鱼 虾 螃蟹 盐渍鲑鱼子 鳗鱼
含较多DHA的海鱼容易引发过敏症状。此外,鱼子类食品也易致敏。

小麦
除小麦制成的各种面粉外,用来制作意面的硬粒小麦也易致敏。

蛋
除了鸡蛋外,鹌鹑蛋和鸭蛋也是标示对象。仅仅含有蛋黄或蛋白的食品也需注意。

坚果
坚果有卡喉咙的危险。里面含有的蛋白质也容易引起过敏。

动物胶
动物胶以牛肉、猪肉为主原料。除了可以单独加工成食品外,还是众多加工食品的原材料。

薯类
包括山药、芋头等。

水果
猕猴桃 橙子 桃子 苹果 香蕉
有时吃这些水果会出现口腔溃疡等症状。

的祸。好在症状较轻,1岁开始便可以喂少量鸡蛋了。(山梨县 小惠妈妈 宝宝1岁1个月)

担心宝宝食物过敏时的断奶餐推进方法

为了不给有过敏风险、身体功能尚未发育成熟的宝宝增添负担，喂断奶餐时应注意六大事项。

1 断奶餐的开始时间，应稍稍延后

随着月龄的增长，消化酶的分泌会逐渐增多，肠黏膜屏障也会逐渐形成。因此，过敏的风险也会随之降低。通常情况下，宝宝长至5~6个月时便可以开始喂辅食，但有过敏风险的宝宝，应稍稍延后，可以在快接近6个月的时候开始。但最晚不要晚于六个半月。

2 食物须加热，使之低变应原化

大多数食品，一经加热，便能降低变应原的浓度（低变应原化）。这是因为加热后食品的分子会发生变化，从而难以被身体识别成异物。有报告显示，利用水果变应原怕热的特点，给原先对水果过敏的宝宝吃水果罐头，过敏症状不易出现。

3 应严格遵守蛋白质食物的喂食顺序、时间和分量

在喂宝宝吃富含蛋白质的食物时，仔细观察宝宝的皮肤、大便及全身的状态是一件重要的事。请遵守喂蛋白质食物的时间、顺序，边观察宝宝状态边一点点地增加喂食量。

4 市场贩售品应尽量少喂

现在，很多市场贩售品都标示出食品中含有的致敏原材料。但是，最为妥当的方法是，尽量少使用市面上销售的加工食品。

5 用酸奶等食物调节肠道细菌

双歧杆菌和乳酸菌是两种在肠内为我们积极工作的活细菌，它们也被称为"益生菌"，可以调整与过敏相关的身体免疫功能，阻止变应原被肠道吸收。若宝宝对乳制品不过敏，可以尝试喂宝宝吃原味酸奶等食物。

6 应使用对身体有益的油

据报告显示，油中含有的DHA、EPA等多不饱和脂肪酸，具有抑制过敏炎症的功效。但它们容易氧化，最好搭配黄绿色蔬菜等抗氧化能力强的食品一起食用。

妈妈的经验之谈　10个月的时候，我曾喂宝宝吃别人送来的螃蟹罐头。结果还没吃完，宝宝的脸就突然变红，眼睛也肿了起来，把我吓

●（鸡）蛋

不要喂宝宝吃蛋及含蛋的食品。一般情况下，对蛋过敏的宝宝无需避食鸡肉，因为鸡肉不是导致宝宝对蛋过敏的原因。此外，大家需记住一点：蛋经过加热后，其致敏力便会变弱。因此，即使宝宝可以吃熟蛋了，也要谨慎对待生蛋和半熟蛋。

出现过敏反应时的应对方法

*以下介绍的方法仅供参考，具体方法请咨询医生。

即使被诊断为过敏，也不要过于焦虑

即使各种检查都显示对某种食物过敏，也不用过于担心。因为随着宝宝的成长，婴幼儿期的大多数食物过敏症状都会逐渐得到改善。至于应限制哪种食品以及用哪种代替品补充营养，则因宝宝而异。

●牛奶

不要喂宝宝牛奶、酸奶、奶酪、黄油、奶油、冰激凌等乳制品和含有乳制品的面包、西点。牛肉不会导致宝宝对牛奶过敏，基本上无需避食。可以用豆浆代替牛奶（若宝宝对大豆不过敏）。

●小麦

不要喂宝宝吃小麦制成的面粉，以及用面粉制成的面食。可用米粉、杂粮粉代替面粉。

过敏宝宝的食谱
整吞整咽期

以下介绍的是以牛肉、玉米片为原材料的食谱范例。适用于对牛奶、奶酪、面粉、鸡蛋过敏的宝宝。

米粉汤

将10~15克米粉煮透，切碎，加入少许小匙酱油稍煮片刻。

玉米片粥

将10~15克玉米片捣碎后，用50毫升白开水将其煮沸，加入适量10倍粥拌匀，冷却后即可食用（也可用微波炉加热）。

●大豆

大豆包括黄豆、黑豆、青豆。不要喂宝宝吃豆腐、纳豆、黄豆粉、豆浆、油炸豆腐等大豆制品以及大酱、酱油。小豆、豌豆、扁豆等大豆以外的豆类基本上无需避食，但初次喂食的时候应谨慎。

了一大跳。从那以后，我再也不敢把虾、螃蟹、章鱼等海鲜放在餐桌上。（东京都 亮君妈妈 宝宝1岁6个月）

宝宝身体不适时的断奶餐

宝宝生病时，先补充水分

当宝宝出现发热、剧烈咳嗽等症状时，你或许认为"让宝宝吃有营养的东西就会恢复得快些"。这种想法并非完全正确，应遵守"无食欲时不可强行喂食"这个原则。其实，当宝宝生病时，宝宝的身体光与疾病做斗争就已精疲力竭，消化吸收功能会减弱。因此，生病时，"喝"比"吃"更为重要。

宝宝的身体比大人更需要水分，但他们保持水分的功能尚未发育成熟。因发热、呕吐、腹泻而突然出现脱水症状的宝宝并不少见。因此，生病时先补充水分是头等大事。

补充水分的 3 种基本形式

1 母乳·奶粉
母乳和奶粉容易消化吸收，不会对宝宝的身体带来负担。不论是出于补充营养、水分的考虑，还是为了满足宝宝向妈妈撒娇的心情，都应重视母乳和奶粉。

2 米汤·凉白开
喂宝宝喝水时，一定要喂煮沸后凉凉的白开水。也可以喂宝宝些米汤。

3 口服补液盐
口服补液盐可以为宝宝补充因出汗、腹泻等症状而流失的钾、钠等矿物质成分，而且不会给身体带来负担。

处于身体恢复期时的食谱范例

圆白菜小沙丁鱼乌冬面

用舌搅碎期

做法
1. 锅中放入乌冬面，煮软后取出，将其切成粗碎后，用乌冬面汤稀释。
2. 锅中放入圆白菜碎，煮软后捞出捣碎。
3. 小沙丁鱼干用开水泡去盐分后，加入少许开水，将其捣碎。
4. 将步骤1的乌冬面盛入器皿中，放上步骤2的圆白菜和步骤3的小沙丁鱼。

待宝宝恢复食欲后，先喂前一阶段的断奶餐

宝宝的身体一复原，食欲也会恢复。这时，可以先回到断奶餐的前一阶段少量喂食。若没有问题，可恢复生病前的饮食。

> **妈妈的经验之谈** 宝宝生病时最好喂滑溜的面食，因为它不仅可以补充水分，还方便宝宝吞咽。（东京都 广子妈妈 宝宝1岁5个月）

发热

一旦发高烧，身体便会因出汗和呼气而排出比平常更多的水分。若宝宝发烧了，请先补充水分，如母乳、奶粉、米汤、凉白开、口服补液盐，可根据宝宝实际需要量喂。为了让宝宝喝起来的感觉好一些，建议喂宝宝喝稍凉或经过冰冻的水。不过，冰水会刺激肠胃，有腹泻等症状的时候，请喂接近体温的水。

如果条件允许，请给宝宝补充维生素和矿物质。身体一发热，便会消耗大量维生素，而且矿物质也会随汗一起排出。果汁和蔬菜汤是补充维生素和矿物质的最佳饮品。不要强迫宝宝喝，想喝的时候喂他（她）喝即可。

待宝宝有食欲后，再重新喂断奶餐。若想帮宝宝补充因发热而丧失的热量，可喂宝宝吃米粥、烂面条等碳水化合物类食物；若想帮宝宝恢复体力，请喂宝宝吃鸡蛋、豆腐、鱼肉、牛奶及乳制品等富含优质蛋白质的食物。

宝宝生病时，可以吃冰激凌吗？

又凉又甜的冰激凌是宝宝们的最爱。那么，冰激凌到底可以给发热的宝宝吃吗？答案是，自由咀嚼期后喂少许冰激凌基本上没问题。但是，当宝宝伴有腹泻、呕吐等症状时，应严禁食用。此外，含蛋（未加热）的冰激凌应避食。

用于发热时的冰爽降温饮料

用舌搅碎期

大麦茶脆冰

做法
1. 用宝宝专用大麦茶或将熬煮好的大麦茶稀释成原体积的2倍。
2. 用2大匙大麦茶将1克白糖溶解后，放入冰箱冷冻。
3. 从冷冻室拿取出后，静置3分钟，然后用叉子捣碎，或用菜刀切成刨冰状。

备忘录
整吞整咽期的宝宝通常讨厌太凉的饮料，建议从用舌搅碎期开始喂宝宝喝。腹泻的时候请避食。

用舌搅碎期

冰冻橘子水

做法
1. 将2大匙口服补液盐放入冰箱冷冻室中冷冻。
2. 从冷冻室取出后静置3分钟，然后用叉子捣碎，或用菜刀切成刨冰状。

备忘录
口服补液盐最适合用来给发热、腹泻、脱水的宝宝补充水分。经过冰冻还有镇痛效果，所以患口腔溃疡时也可以喝。腹泻的时候请避食。

加了矿物质的清爽果汁

整吞整咽期

西瓜汁

做法
1. 将50克西瓜的红瓤部分捣碎后，过滤。
2. 用等量的白开水稀释。

备忘录
因为太浓的果汁不易被宝宝吸收，所以需要用白开水将其稀释成原体积的2倍。生病时喝西瓜汁对肠胃好，可放心喂宝宝喝。

整吞整咽期

清爽葡萄汁

做法
1. 用等量的白开水稀释2大匙葡萄汁。
2. 若用新鲜葡萄做果汁，则先去皮、捣碎，再用滤网磨碎，加入等量的白开水即可。

备忘录
尽量用当季的水果做果汁。柑橘类果汁会刺激黏膜，请控制摄入量。

待宝宝有食欲后，可以吃这些断奶餐

用舌搅碎期

奶香香蕉豆腐

做法
1. 将1/2根香蕉和30克豆腐切成粗碎。
2. 将用奶粉冲泡的奶加入步骤1中，用微波炉加热片刻。
3. 将1~2颗草莓捣碎，倒在步骤2上。

备忘录
可以补充因发热而流失的维生素C和蛋白质。只需将装有食材的耐热器皿放入微波炉中加热，便能轻松做成。

牙龈咀嚼期

蛋黄挂面

做法
1. 将20克细挂面折成方便食用的大小后，用沸水煮软，盛出。
2. 将1个煮蛋的蛋黄捣成碎末放在挂面上，加入少许香油调味，盛入器皿中。

备忘录
挂面是一种即使没有食欲也能轻松吃下的食物。除了鸡蛋外，还可加入用来补充维生素和矿物质的蔬菜。

腹泻

第 4 章 宝宝出现异常情况时的断奶餐

若持续腹泻，人体便会排出大量的水分和矿物质。若只是腹泻，没有呕吐等症状，可以让宝宝分多次饮用口服补液盐、糖盐水、蔬菜汁、酱汤、稀释后的果汁等。请让宝宝喝接近体温的饮料，以防刺激肠胃。

若宝宝有食欲，且没有呕吐症状，则还可以继续喂断奶餐。在这种状态下限制饮食，只会让脆弱的肠黏膜延迟恢复，使腹泻时间延长。

当宝宝腹泻时，应喂宝宝吃易于消化吸收的食物。换言之，应喂宝宝吃膳食纤维少、脂肪少的食物。代表性食物有米粥、土豆、香蕉等含丰富淀粉（碳水化合物）的食物。此外，鱼肉、鸡蛋等含有优质蛋白质的食物对肠黏膜的恢复也有促进作用，建议将它们加入断奶餐中。喂宝宝吃蔬菜和水果时，建议用滤网磨去膳食纤维。若喂宝宝吃磨碎的苹果和胡萝卜，可以加快腹泻痊愈的速度。

想要预防脱水症，请喂宝宝喝口服补液盐、糖盐水

口服补液盐：预防和治疗脱水症的药物。主要用来治疗由腹泻、呕吐、发热引发的脱水症。

糖盐水：可以自己在家做的口服补液盐。将 20~40 克白糖、2~3 克盐加入 1 升开水中，使之充分溶解即可。

*由于含有较多糖分的 100% 纯果汁属于高渗溶液，容易引发腹泻，所以喂宝宝喝之前需用凉白开将其稀释。

*蔬菜汤、大麦茶、白开水、米汤，只能作为预防脱水症的辅助饮品。

当宝宝患有严重腹泻时，请先补充水分（汤）

整吞整咽期 蔬菜汤

做法
1. 1/5 个洋葱、1/3 根胡萝卜、20 克南瓜分别切成小丁后，与 2 杯水一起放入锅中。
2. 煮沸后用小火再煮 15 分钟，即可闭火。
3. 用滤网过滤，即可喂宝宝喝。

备忘录
这款富含水溶性维生素和矿物质的蔬菜汤，营养十分丰富。也可以加入圆白菜、白萝卜等涩味少的蔬菜。

整吞整咽期 滋养汤

做法
1. 将海带、30 克胡萝卜、1 片圆白菜叶放入稍盖过食材的水中煮，待煮沸后撇去浮沫，用小火再煮 5 分钟。
2. 加入少许水淀粉，用微波炉加热片刻。

备忘录
除了可以补充维生素和矿物质外，还能补充氨基酸。

让宝宝吃富含淀粉的食物

用舌搅碎期 胡萝卜苹果粥

做法
1. 将胡萝卜和苹果去皮，磨碎。
2. 将步骤 1 的胡萝卜、苹果加入 5 倍粥中煮熟。

备忘录
这款粥加入了具有调节肠胃作用的苹果和胡萝卜。相比捣碎的食物，磨碎的食物对腹泻的恢复更有促进作用。

用舌搅碎期 土豆粥

做法
1. 土豆去皮，洗净，切小丁，蒸熟后取出捣成泥。
2. 将土豆泥与 5 倍粥混拌一起。

备忘录
用宝宝最喜欢的土豆泥做断奶餐，可以刺激宝宝的食欲。

用含脂肪少的蛋白质食材做断奶餐

用舌搅碎期 鱼肉浇米粥

做法
1. 锅中水煮沸，加入少许盐，放入 5 克鱼肉快速焯一下。
2. 将鱼肉捣碎，加入少许水淀粉再煮片刻。将其浇盖在 5 倍粥上。

备忘录
用水淀粉勾芡的粥，不仅易消化，还十分滑溜。请注意不要喂宝宝吃太热的粥。

用舌搅碎期 南瓜豆腐碎面

做法
1. 将 20 克干面条折成方便食用的小段后，放入沸水中煮软。
2. 将南瓜的黄瓤部分（30 克左右）和 50 克豆腐切成粗碎。
3. 将所有食材放入已用少许酱油调味的汤汁中炖煮，汤汁以稍没过食材为宜。

备忘录
蔬菜除南瓜外，还可以用胡萝卜、圆白菜等。将面条折成方便食用的长度更易于消化。

呕吐、咳嗽

宝宝一感冒，便想吐出堵在喉咙里的痰。这时，咳嗽便出现了。由于稀释痰液需要适度的湿气，所以提高房间的湿度或勤补充水分很重要。请喂宝宝水分多、刺激小的断奶餐。

宝宝呕吐有各种各样的原因。比如因咳嗽、感冒等原因而患上病毒性胃肠炎时或晕车时等，都容易呕吐。呕吐完后急忙喂宝宝喝水，只会引起再次呕吐，所以请遵守"吐完30分钟内不喂任何东西"这个大原则。同时出现呕吐和严重腹泻的时候，有可能发展为脱水症，需谨慎对待。

当肠胃黏膜因呕吐而受到损伤时，建议将易消化的淀粉类食物煮软后喂宝宝吃。此外，建议喂宝宝吃容易吞咽的带芡汁的食物。

宝宝剧烈呕吐后补充水分的方法

① 30分钟内什么也不喂。

② 看起来没问题后，用汤匙喂宝宝喝10毫升水。

③ 若不再呕吐，20分钟后喂宝宝喝20毫升水。

④ 之后，每隔一会儿补充水分，补充数次。若这样补充水分没问题，一次喂宝宝喝100毫升水。

首先，按照1~4步骤喂宝宝喝凉白开或宝宝专用离子水。待宝宝能喝100毫升以上后，喂宝宝喝20~30毫升用奶粉冲泡的牛奶。若喂的是母乳，可以在宝宝无不良反应后喂母乳。待喝奶量恢复正常后再开始喂断奶餐。

不刺激喉咙的柔和饮料&汤

整吞整咽期

糖水

做法
1. 用2大匙开水溶解1克白糖。
2. 将其冷却至适宜饮用的温度。

备忘录
糖水既可以补充水分和热量，又有止咳的功效。不过，腹泻时不可喂白糖，因为它会促进肠内产生气体。

用舌搅碎期

苹果汁

做法
1. 苹果去皮、去核，磨碎、过滤，放入微波炉中加热30秒。
2. 加入少量水淀粉，迅速搅拌，使之形成芡汁。

备忘录
用水淀粉勾芡过的食物十分滑溜，即使是吃东西容易噎的宝宝，也可以放心食用。

用舌搅碎期

苹果碎汤

做法
1. 1/4个苹果去皮、去核后，放入稍没过苹果的水中，用小火炖煮。
2. 将剩下的苹果磨成碎末，做成苹果汁，加入步骤1中。加入少许水淀粉，煮至汤液变稠。

备忘录
这是一款煮得十分柔软的可口汤。把它作为感冒时的午后小饮品，最为合适。

不刺激喉咙和肠胃的美味断奶餐

用舌搅碎期

南瓜乌冬面

做法
1. 将20克乌冬面和20克南瓜切成小丁。
2. 将乌冬面和南瓜放入耐热器皿中，加少许水，蒙上保鲜膜，放入微波炉中加热3分钟。
3. 待乌冬面和南瓜煮软后，将其粗粗磨成碎末。

备忘录
用微波炉煮南瓜，可以在短时间内把南瓜煮软。

用舌搅碎期

香蕉蛋奶糊

做法
1. 将1/4根香蕉捣成泥。
2. 将1/4个蛋黄、10克冲好的奶粉、少许玉米淀粉混拌一起。
3. 再加入50克冲好的奶粉，混拌均匀，煮成黏糊状，加入步骤1的香蕉。

备忘录
在宝宝最爱吃的香蕉中加入了蛋黄，味甜、柔软，宝宝没有食欲时也可以吃。

口腔溃疡

宝宝发生口腔溃疡后，虽然依然精神饱满，食欲旺盛，但容易"因嘴疼而吃不下东西"。

此时可以喂宝宝母乳、奶粉，也可以喂宝宝吃一些刺激小、容易吞咽的断奶餐。但如果是需反复咀嚼的食物、坚硬的食物以及含较多盐分或酸味强的食物，则应避食。温度一般以接近体温为宜，但由于清凉的食物具有掩盖疼痛的功效，所以如果宝宝愿意吃，可以喂一些。

宝宝一次无法吃很多食物，请分多次喂宝宝吃热量多、体积小但有饱腹感的食物。

即使只能吃少量，也要确保营养丰富

牙龈咀嚼期 — 南瓜面包布丁

做法
1. 将20克南瓜的黄瓤部分用保鲜膜包上，放入微波炉中加热片刻，待南瓜变软后，将其揉碎。
2. 将1大匙打散的鸡蛋、2大匙牛奶和1/6片切成小丁的切片面包与南瓜混拌一起后，盛入模具中，用微波炉加热80秒。待冷却后，将布丁从模具中取出。

备忘录
南瓜中含有丰富的胡萝卜素，对因病受损伤的喉咙、气管黏膜的恢复有促进作用。

牙龈咀嚼期 — 香蕉布丁

做法
1. 用叉子将香蕉捣成滑溜状，拌入1大匙打散的鸡蛋、2大匙牛奶后，倒入耐热器皿中。
2. 蒙上保鲜膜，放入微波炉中，用小火加热1分钟。
3. 放入冰箱中冰镇，若有剩余的香蕉，可以将少量香蕉磨成泥，浇在上面。

备忘录
加热打散的鸡蛋，便可做成凝固的布丁。也可以以蒸菜的方式制作。用微波炉制作的好处是，即使量少，也能轻松做成。

用舌搅碎期 — 南瓜奶油豆腐

做法
1. 将豆腐用水浸泡，备用。
2. 将30克南瓜（可使用婴儿食品）煮软、捣碎后，拌入奶油沙司（可使用婴儿食品），浇在豆腐上。

备忘录
若南瓜和奶油沙司都使用婴儿食品，用开水溶解即可。

用舌搅碎期 — 奶香红薯粥

做法
1. 将30克红薯去皮，切成小丁，煮软，趁热捣碎。
2. 加入2大匙用奶粉冲泡的奶，将其混拌成黏糊状。

备忘录
红薯中加入牛奶，拌成黏糊状后更易吞咽。

让食物变滑溜的技巧

1
用水淀粉勾芡
由于直接加入淀粉容易形成夹生硬块，所以使用前必须用多一倍的水溶解淀粉。
使用的诀窍是，在食材刚煮熟的时候倒入水淀粉。食物多了一层芡汁，非常好吞咽。

2
使用婴儿食品
若使用宝宝专用蔬果泥，轻轻松松便能做出一份滑溜的断奶餐。此外，也可以加入黏糊汤汁、米粉等婴儿食品。

易于吞咽的滑溜食物

用舌搅碎期 — 苹果凉粉

做法
1. 将20克凉粉切成方便食用的大小，过凉水，沥干水分。
2. 将30克苹果去皮、去核后，磨成碎末，与凉粉一起盛入器皿中。

备忘录
不仅制作方法简单，还很美味。清香的苹果与闪闪发光的凉粉，让人不禁想伸手去够。

牙龈咀嚼期 — 水果琼脂粉

做法
1. 将4大匙水果泥拌入2大匙红薯泥中。
2. 在锅中将水煮沸，加入1克琼脂粉煮2~3分钟，待其煮化，加入步骤1的混合食材充分搅拌后，盛入模具中，让其自然成形。

备忘录
琼脂粉在室温下便能凝固。冷藏后的琼脂粉，是一款不错的清爽点心。

便秘

喂断奶餐初期发生的便秘，主要由水分不足和肠内细菌的平衡失调引起，所以需要补充充足的水分。断奶餐不断往前推进后，膳食纤维不足便成了引发便秘的主要原因。这个阶段，建议喂一些富含膳食纤维的食物，如绿叶蔬菜、海藻、菌类等。

此外，调整生活节奏也很重要。每天应让宝宝在固定时间吃饭，养成规律排便的习惯。除此之外，还应有意识地让宝宝多玩耍。

有助于缓解便秘的食材

红薯

红薯是富含膳食纤维食材的代表。由于它含有维生素C，且容易捣碎，所以整吞整咽期便可以喂宝宝吃。

纳豆
纳豆的魅力在于，它不仅含有丰富的膳食纤维，还是易于人体消化吸收的发酵食品。将纳豆细细搅拌一下，便能变得松软而好吃。

绿叶蔬菜

绿叶蔬菜富含维生素和矿物质。由于用滤网磨碎可能会丢失部分膳食纤维，所以便秘时最好喂宝宝吃用菜刀切碎的绿叶蔬菜。

羊栖菜

除了含有膳食纤维外，还含有丰富的铁、钙。将它放入水中浸泡15分钟，便能涨发至6~7倍大，变得十分柔软。使用前须加热。

燕麦片

燕麦片以磨碎的燕麦为原料。加入牛奶或奶粉、水、果汁等饮品，即可用微波炉将其做成燕麦粥。

加入富含膳食纤维的食材

整吞整咽期

香蕉奶汁

做法
用搅拌机将香蕉、冲调好的奶搅拌成一体。
※若家中没有搅拌机，可以先把香蕉捣成碎末，再与牛奶混拌一起。

备忘录
富含膳食纤维的香蕉、富含水分的牛奶组合在一起，堪称绝配。

用纳豆和绿叶蔬菜清肠胃

自由咀嚼期

纳豆炒饭

做法
1. 将1小碗软饭、1/4包磨碎的纳豆、1大匙焯过后切碎的菠菜拌匀。
2. 烧热平底锅，淋入少许油，将步骤1食材倒入锅中翻炒。

备忘录
油具有润肠作用。这道断奶餐炒一炒即可做成，十分简单。可以根据个人喜好加入富含膳食纤维的食材。

牙龈咀嚼期

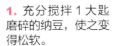

做法
1. 充分搅拌1大匙磨碎的纳豆，使之变得松软。
2. 将30克焯过的菠菜切成碎末后，与纳豆混拌一起。

纳豆拌菠菜

备忘录
纳豆和绿叶蔬菜都是富含膳食纤维的食材，有缓解便秘的作用。

帮宝宝克服不爱吃蔬菜的食谱

妈妈们都希望宝宝从婴儿时期便能爱上
所有对身体有益、富含营养的蔬菜。
为了让宝宝不再讨厌吃蔬菜，
在此介绍蔬菜的制作技巧和食谱！

讨厌"硬蔬菜"

若按照大人的感觉煮蔬菜，往往会把蔬菜煮得过硬。而这也是宝宝讨厌吃的原因所在。**将蔬菜煮得软一些，不仅可以增加甜度，还能帮助咀嚼！**若宝宝处于用舌搅碎期，将蔬菜煮至如豆腐般软硬即可；若宝宝处于牙龈咀嚼期，则应以香蕉的硬度为标准。可以用手指按压确认。

需特别注意的蔬菜
胡萝卜、圆白菜、白菜、莲藕（根类）等

大小、分量不符合标准

你是否因想让宝宝多吃一点儿而不知不觉间做了很多？喂宝宝吃他（她）不擅长吃的蔬菜的要领是，**每次喂少量，让宝宝逐渐习惯它的味道。**此外，将蔬菜切成方便食用的大小也是制作断奶餐的基本要求！若处于用舌搅碎期，可以将蔬菜切碎或轻轻捣碎；到了自由咀嚼期后，则切成1厘米见方的小块。

需特别注意的蔬菜
胡萝卜、南瓜、白萝卜、菠菜等

只要坚持吃，便能变得爱吃

从小吃惯的食物，长大了依然会觉得"好吃"。蔬菜亦是如此。即使是最初讨厌吃的蔬菜，只要反复挑战，便能让宝宝渐渐吃惯这个味道。此外，烹饪技巧也是帮宝宝克服不喜欢吃蔬菜的关键！含膳食纤维的叶类蔬菜，将其切碎后，可以做成黏糊状，也可以拌入米粥中。如此一来，便能掩盖这类蔬菜的粗糙感。带苦味或辣味的蔬菜，只要将其慢慢煮熟，便能煮出甜味，让它变得容易吞咽。婴儿时期吃过各种蔬菜的体验，是宝宝养成爱吃蔬菜的健康饮食习惯的基础。

讨厌"味道"

宝宝生来便不喜欢吃苦味和酸味。可以说这是出于守护生命的本能，因为苦味代表有毒，酸味代表有腐烂的可能。制作带苦味或酸味的蔬菜时，请下点功夫，比如将它拌入甜味食材中等。

需特别注意的蔬菜
番茄、青椒、洋葱、茄子、黄瓜、莴笋等

讨厌"食物触及舌头的感觉"

宝宝讨厌吃叶类蔬菜的原因是，叶薄而纤维多，难以吞咽。有的孩子讨厌西蓝花的粗糙感，有的孩子讨厌萝卜等根茎类蔬菜的粗涩感，也有的孩子讨厌茄子的绵软感。制作这类蔬菜时，可以浇上芡汁或拌入其他滑溜的食材中。

需特别注意的蔬菜
西蓝花、白萝卜、菠菜、茄子等

 妈妈的经验之谈 我家宝宝最怕吃蔬菜，但如果将蔬菜混入烤饼或杂样煎菜饼中，他就能吃一些。（神奈川县 小鼎妈妈 宝宝1岁）

圆白菜

从早春至5月上市的春季圆白菜，菜叶柔软，适合用来做断奶餐。这个季节的圆白菜一煮就烂，是帮宝宝克服"圆白菜厌食症"的好机会！

将菜叶直接放入沸水中焯，做到烹饪无浪费！

用沸水一焯，圆白菜那又硬又粗的叶脉便不再是问题。若焯之前先将它切成大块，便能煮出甜味来。

整吞整咽期

圆白菜外层的叶子很硬，用滤网也难以磨碎！建议使用里面的柔软叶子，不仅容易磨碎，还方便宝宝食用。

【圆白菜粥】

将10克圆白菜焯软，用滤网磨碎后，与30克磨碎的10倍粥混拌一起，用微波炉加热20秒。

用舌搅碎期

无特殊味道的圆白菜能与各种各样的食材搭配！若将切碎的圆白菜放入锅中煮，柔和的甜味便会蔓延开来。

【风味圆白菜粥】

将10克圆白菜与5克黄椒分别切成碎末，放入小锅中炖煮，待其煮软后倒入50克5倍粥，再煮片刻。

牙龈咀嚼期

将圆白菜拌入滑溜易食的乌冬面中，或用它做蔬菜汤。别忘了将其加工成方便食用的大小和硬度。

【炒碎面】

❶10克猪瘦肉切成细条，10克圆白菜、5克胡萝卜切成短细丝；10克豆芽去掉根须，切成小段。❷在平底锅中烧热少许植物油后，先加入步骤①的食材翻炒，再加入折成2厘米长的面条翻炒。

自由咀嚼期

将圆白菜混入其他食材中，也是一个帮宝宝克服不爱吃圆白菜的有效方法。可以将圆白菜与带甜味的蛋白质食材一起拌入米饭或杂样煎菜饼中。

【纳豆杂样煎菜饼】

❶40克圆白菜切成细丝。❷在碗中放入10克纳豆、1/4个打散的鸡蛋、20克面粉、少许酱油和适量水，搅拌均匀。❸在平底锅上倒植物油，舀入步骤②的混合物，将其煎至两面略泛焦黄后，切成方便食用的大小，撒上少许青海苔。

用沸水去皮，可以让酸味变得柔和!
将底部切十字，放入沸水中煮10秒。之后用凉水浸泡片刻，外皮便会整体脱落。

番茄含有丰富的维生素C和具有抗氧化作用的番茄红素。只要将它的甜味和美味煮出来，宝宝便不会再说"不"！

整吞整咽期

虽然生番茄也能吃，但加热可以抑制酸味这一点很关键！
它的制作要领是，先用滤网磨碎，再将其做成滑溜的番茄糊。

【番茄小沙丁鱼粥】

❶将**5克小沙丁鱼干**放入耐热器皿中，倒入开水，静置5分钟，待泡去盐分后，沥干水分；将**30克10倍粥**磨碎。❷将去皮、去子的**15克番茄**切碎，磨成滑溜状后，加入步骤❶的小沙丁鱼干，将其磨碎。❸将步骤❶的米粥与步骤❷的番茄混拌一起。

【番茄苹果糊】

将去皮、去子的**10克番茄**与去皮的**5克苹果**煮软（也可用微波炉加热20秒），用滤网将其磨成滑溜的糊状。

用舌搅碎期

番茄切碎后，便能与其他食材紧密融合一起。

【水果拌番茄】

❶**10克番茄**去皮、去子后，切成碎末。❷将桃子等宝宝喜欢吃的**10克水果**磨碎，拌入步骤❶中。

【番茄豆腐泥】

❶将**20克豆腐**切碎。❷**30克番茄**去皮、去子，切碎，放入锅中用小火煮2分钟，加入步骤❶的豆腐再煮2分钟。

妈妈的经验之谈　从宝宝最怕吃的蔬菜开始喂起　我先喂她不怎么爱吃的蔬菜，再喂她最爱吃的水果。如此一来，无论是她爱吃的还是

番茄

牙龈咀嚼期

番茄与乳制品是一对绝配。建议大家做一份将番茄与奶酪、牛奶等味道醇厚的食材搭配在一起的意式风味断奶餐。

【番茄奶酪】

❶ **20克番茄**去皮、去子后,切成粗碎。❷ 将步骤①的番茄放入耐热器皿中,放上**10克奶酪**,用烤箱将其烤至表面略泛焦黄。

【番茄炒西蓝花】

❶ **15克番茄**去皮、去子后,切成7毫米见方的小丁。❷ **10克西蓝花**煮软后,切成与番茄一样大小的小丁。❸ 在平底锅中淋入**少许橄榄油**,用中火加热,加入步骤①的番茄和步骤②的西蓝花翻炒。炒好后,撒入**1克奶酪粉**。

自由咀嚼期

做一份将番茄浇盖在米饭或意面上的满分断奶餐。
无比美味的番茄味,让宝宝吃完这一口还想吃下一口。

【番茄金枪鱼盖饭】

❶ **40克番茄**去皮、去子后,切成1厘米见方的小块;将水煮金枪鱼罐头中的**15克金枪鱼**沥干汁液。❷ 在平底锅中淋入**少许橄榄油**,用中火加热,加入步骤①的食材翻炒1分钟。❸ 将90克软饭盛入器皿中,浇盖上步骤②的番茄和金枪鱼,可根据个人喜好撒上少许香芹碎。

【番茄盖浇面】

❶ **30克番茄**去皮、去子后,切成粗碎。❷ 在平底锅中将**2克黄油**化开后,先放入步骤①的番茄翻炒片刻,再加入**少许水**煮3分钟。❸ 将**25克意式实心面**折成方便食用的大小,煮软,盛入器皿中,浇盖上步骤②的番茄糊。

不爱吃的,都能通通吃完。(兵库县 小亚妈妈 宝宝1岁5个月)

先放入沸水中焯一下,再放入冷水中浸泡片刻,便能去除涩味。

在焯过的菠菜中加入少许酱油并拧干,便能去除涩味和特殊味道(酱油清洗法)。接着用水再洗一下,并拧干水分,便可以烹饪了。

去除涩味和特殊味道!

菠菜富含维生素C、维生素K等。由于茎部较硬,所以牙龈咀嚼期前只能食用柔软的叶尖部分。

整吞整咽期

用擂杵捣碎的菠菜吃起来有些粗糙,而这也是宝宝刚吃下便吐出的原因。可以用滤网磨碎的方式将菠菜做成糊状!

【菠菜香蕉糊】

❶10克菠菜(菜叶2片)焯软后,用滤网磨碎。❷20克香蕉用微波炉加热10秒,用滤网磨碎后,与菠菜盛在一起。

用舌搅碎期

将菠菜切成碎末的要领是,纵向和横向各切一次。用水淀粉勾芡或将其拌入米粥中,可以让它变得十分滑溜。

【菠菜拌纳豆】

❶10克磨碎的纳豆用保鲜膜包上,放入微波炉中加热10~15秒。❷10克菠菜(菜叶2片)焯软、切碎后,与纳豆混拌一起。

【菠菜蛋黄粥】

❶10克菠菜(菜叶2片)焯软,切成碎末。❷将1个煮蛋的蛋黄捣成滑溜状后,与步骤❶的菠菜、50克5倍粥混拌一起。

菠菜

牙龈咀嚼期

到了牙龈咀嚼期,宝宝便能吃菠菜的茎部了。
茎部略带甜味,可将它切碎后再加入食谱中!

【菠菜纳豆面】

❶20克菠菜焯软后,横切成小段;30克意式实心面折成方面食用的小段,放入沸水中煮软。❷将20克纳豆与步骤①的菠菜和意式实心面混拌在一起。

【奶香烤菠菜红薯】

❶10克菠菜焯软,切成粗碎。❷80克红薯煮软,去皮,磨碎,拌入步骤①的菠菜、**2大匙奶油**。❸将步骤②的食材盛入器皿中,撒上**少许奶酪粉**,用烤箱将其烤至表面略泛焦黄。

自由咀嚼期

这个时期,宝宝开始长牙,对叶类蔬菜的抵触情绪越来越弱。
菠菜炒着吃也软软的,十分易于吞咽。

【菠菜土豆炖鸡肉】

❶15克鸡腿肉去皮,切成1厘米见方的小块;30克菠菜焯软,沥干水分,横切成小段。❷锅中水煮沸,加入鸡腿肉煮熟后,加入菠菜煮2分钟。❸将去皮的**20克土豆**磨碎,加入步骤②中,煮至汤汁变黏稠。

【菠菜炒蛋】

❶10克菠菜切成粗碎。❷在碗中放入1/2个打散的鸡蛋、步骤①的菠菜、1小匙奶酪粉,搅拌均匀。❸在平底锅中烧热少许橄榄油,倒入步骤②的混合食材,并快速搅拌式翻炒,将其炒熟。

欲便随之增加。(东京都 彩子妈妈 宝宝1岁)

整个放入锅中煮，可以让营养不流失

与先切再煮的胡萝卜相比，先煮再切的胡萝卜的肉质更加软和。可以将用剩的胡萝卜分成几小份放入冰箱冷冻，这样下次用时便会方便很多！

胡萝卜含有丰富的胡萝卜素。利用它的自然甜味与鲜艳的橘红色制作食谱，不仅能品尝美味，还能收获视觉上的享受。

整吞整咽期

很多宝宝都不爱吃带特殊气味的蔬菜。初期若将胡萝卜与水果、南瓜等带甜味的食材混在一起，便能提升"光盘率"！

【胡萝卜橙子泥】

❶10克胡萝卜去皮，用小火煮软；5克橙子撕去薄皮，磨碎。❷将胡萝卜磨成滑溜状后，拌入橙子。若残留纤维质，可用滤网滤去。

【胡萝卜南瓜泥】

将5克胡萝卜和10克南瓜煮软，用滤网磨碎后，用煮汁将其稀释开。

用舌搅碎期

若宝宝不爱吃胡萝卜，建议将胡萝卜磨成碎末。磨碎的胡萝卜不仅口感好，还能让宝宝直接感受它的甜味。

【胡萝卜汁浇豆腐】

❶20克胡萝卜去皮、磨碎，放入锅中用中火煮沸，改用小火再煮2分钟，用少许水淀粉勾芡。❷将40克嫩豆腐放入微波炉中加热30秒，待热气散去后盛入器皿中，浇上步骤①的胡萝卜汁。

妈妈的经验之谈　我家宝宝饭量小，没吃几口就不吃了。这个时候，我会把饭送到面包超人的嘴中，说"咱们吃吧"，宝宝就能再接着吃。

胡萝卜

牙龈咀嚼期

下面介绍2款突显胡萝卜甜味的断奶餐。可以用手抓着吃的烤饼,非常适合作午后的点心。

【胡萝卜土豆汤】

❶30克胡萝卜和20克土豆削去外皮,切成薄片。❷在锅中倒入步骤❶的食材和2/3杯水,用中火加热,待煮沸后用小火再煮5分钟,煮至胡萝卜和土豆变软。❸步骤❷的蔬菜用擂钵捣成粗碎后,再倒回锅中,加入1大匙牛奶,将其煮沸。❹将1片切片面包烤至表面略泛焦黄,切成方便食用的大小,搭配胡萝卜土豆汤食用。

【胡萝卜烤饼】

❶15克胡萝卜用微波炉加热30秒,磨成碎末。❷在碗中加入2大匙烤饼粉、步骤❶的胡萝卜、1/6个打散的鸡蛋、2大匙牛奶,搅拌均匀。❸在平底锅中烧热少许黄油,用小火加热,倒入步骤❷的面糊,待表面冒出很多气泡且周围变干后,翻面再煎2分钟。煎好后,将其切成方便食用的大小。

自由咀嚼期

可以将胡萝卜变身为各种形状,如磨成泥、切成细条等。
建议在烹饪方法上多下功夫,以便让胡萝卜有更精彩的展示。

【胡萝卜泥豆腐块】

❶50克豆腐浸泡后沥干水分,切成方便食用的大小。在平底锅中烧热2克黄油,将豆腐煎至两面略泛焦黄。❷20克胡萝卜煮软、捣碎后,拌入2小匙奶油,浇盖在盛入器皿中的豆腐上。

【胡萝卜鸡肉乌冬面】

❶30克胡萝卜削去外皮,切成小细条;15克鸡胸肉切成小丁。❷将胡萝卜放入锅中煮,待其煮沸后用小火再煮5分钟,将胡萝卜煮软。❸将100克乌冬面和鸡胸肉加入步骤❷中,用小火再煮3分钟。

(千叶县 莉香妈妈 宝宝1岁7个月)

将整个洋葱放入微波炉中加热，不仅操作方便，还能煮出甜味！

洋葱去皮，用水浸泡片刻后，用保鲜膜包上（或装入耐热器皿中），用微波炉加热3分钟即可煮软。

被称为"做菜的基础、美味的宝库"的洋葱，是一种能与任何食材相配的万能蔬菜。只要慢慢煮，便能煮出它的甜味。

整吞整咽期

将洋葱煮软，让宝宝与他们最怕的辛辣味说再见吧！
若将煮软的洋葱与带甜味的食材组合在一起，宝宝肯定能吃光它！

【南瓜洋葱糊】

❶将去皮的10克南瓜和10克洋葱切碎、煮软。
❷用滤网将南瓜和洋葱磨碎，用**少许开水**调节硬度。

【洋葱土豆糊】

❶将去皮的20克土豆和10克洋葱用水煮软，或用微波炉加热1分钟。❷用滤网磨碎后，用**少许煮汁或**开水将其稀释开。

用舌搅碎期

洋葱切碎后，用小火慢慢煮。
洋葱及煮出甜味的美味汤汁，可以用来做汤和杂烩粥。

【奶香洋葱白萝卜】

将5克洋葱、10克去皮的白萝卜用微波炉加热20秒后，用叉子等捣碎，用20克冲调好的奶将洋葱碎、白萝卜碎稀释开。

【蔬菜杂烩粥】

❶10克菠菜焯软、切碎。❷在锅中放入20克洋葱碎，将洋葱煮软后，加入步骤①的菠菜和50克5倍粥稍煮片刻。❸将1/2个煮蛋的蛋黄加入步骤②中，充分搅拌。

妈妈的经验之谈　我家宝宝怎么哄也不吃蔬菜，但她喜欢吃鳄梨。如果先拿出鳄梨，她就光吃鳄梨，所以当她食欲不佳时，我会最后喂鳄梨。

洋葱

牙龈咀嚼期

洋葱可以突显肉、鱼的鲜味。将洋葱加到各种菜肴中,让宝宝摄入足够的蔬菜营养吧!

【洋葱煮鸡肉豆腐】

❶将2厘米见方的豆腐切成小四方块。❷将30克洋葱碎放入锅中煮,接着加入10克鸡肉末和步骤①的豆腐,将肉末和豆腐煮熟。

【烤蛋黄金枪鱼洋葱】

❶将15克水煮金枪鱼捣碎,与10克洋葱碎一起放入微波炉中加热20秒。取出后加入1小匙蛋黄泥,充分搅拌。❷将步骤①的混合食材盛入耐热器皿中,用烤箱将其烤至表面略泛焦黄。

自由咀嚼期

洋葱慢慢煮便能煮出甜味,它可以让菜谱味道更有深度。

【洋葱番茄盖饭】

❶将10克洋葱碎、15克番茄碎、10克猪肉末倒入锅中煮。❷待蔬菜煮软后,用少许水淀粉勾芡,浇盖在米饭上。

【番茄金枪鱼意面】

❶30克意式实心面折成方便食用的小段,放入沸水中煮软。❷将30克洋葱和胡萝卜与20克去皮去子、切成小块的番茄一起放入耐热器皿中,蒙上保鲜膜,用微波炉加热1分钟。❸在平底锅中烧热少量植物油,翻炒步骤①和步骤②的食材。炒好后,与10克水煮金枪鱼混拌一起。

(兵库县 纯子妈妈 宝宝9个月)

宝宝的点心

第4章 宝宝出现异常情况时的断奶餐

喂点心的目的随月龄和断奶期发生变化

随着宝宝月龄的增长，点心的作用会发生如下变化：嬉戏的道具→充饥品→一日多餐中的其中一餐。需注意的是，点心类婴儿食品的外包装上标示的开始月龄，只是就食材和软硬程度制定的参考标准。

其实，从营养角度考虑，婴儿期宝宝（1岁前）还未到吃点心的时候。

每个时期喂点心都要适量

由于一给宝宝点心，宝宝就会十分高兴，所以很多妈妈都会不由自主得多喂一些。需注意的是，喂点心应以"不妨碍正常就餐"为大原则。

此外，在宝宝磨人的时候，或想让宝宝乖一点的时候，切不可用点心当堵嘴的工具。请定好发点心的时间和数量，不要让宝宝一直不停地吃。

可以让宝宝吃什么样的点心？

宝宝尝过浓味点心后再吃淡味点心，便不会觉得淡味点心好吃。不仅甜味如此，咸味等味道也是如此。

购买点心时，请购买宝宝专用点心。妈妈也可以亲手为宝宝制作味道清淡、低脂肪的健康点心。

牙龈咀嚼期

吃点心前期
真正开始吃点心前的嬉戏期

进入牙龈咀嚼期后，随着宝宝可食用食材的不断增加，宝宝也可以开始吃点心了。以一天1次为限度，不要妨碍断奶餐的正常进食。

每日点心进食量

以不影响进餐为标准

一日1次

若是宝宝专用点心，则为

饼干 3.5 片　　果汁 80 克
34 千卡　　　　31 千卡
总计 65 千卡

请注意，点心量会随饮品发生变化！
以幼儿期前半期（一日140~150 千卡）为例

若是牛奶	若是大麦茶
蔬菜咸饼干 12 克 + 牛奶 150 克 50 千卡　　100 千卡	蔬菜咸饼干 34 克 + 大麦茶 150 千卡　　0 千卡

一天的点心标准量为140~150 千卡，减去牛奶的100 千卡，剩下的50 千卡便是咸饼干的热量。让宝宝喝牛奶或用奶粉冲泡的奶，不仅可以让营养保持均衡状态，还可以确保热量适当。

乍一看，可以吃这么多，大家都会认为这是个不错的搭配。但是，对于刚刚结束自由咀嚼期的幼儿而言，这些咸饼干太多了，很可能会影响宝宝正常吃晚饭，请妈妈们注意。

妈妈的经验之谈　外出时，我一般带有嚼头的饼干、红薯干、婴儿专用奶酪等耐吃的东西。这样宝宝便不会闲得慌。（东京都 小花妈）

自由咀嚼期
正式点心期
吃过早饭、午饭、晚饭后，将点心作为充饥品

这个时期，宝宝的运动量增多不少。一般在午饭和晚饭的中间，即宝宝常常肚子饿的3点左右加1次点心餐，或是上午10点和下午3点各加1次。因为每日的点心量都有上限值，所以妈妈们应根据喂点心次数，适当调整进食量和进食种类。

每日点心进食量
- 以不影响进餐为标准
- 一日2次

若是宝宝专用点心，则为

上午：饼干 2 片（20 千卡）＋ 大麦茶（0 千卡）　总计 20 千卡
下午：饼干 1 片（10 千卡）＋ 牛奶 50 克（35 千卡）　总计 45 千卡

桃子酸奶　总计 40 千卡

材料
原味酸奶 ……… 30 克

做法
将原味酸奶盛入器皿中，放黄桃（罐装果肉）10 克上切成方便食用大小的黄桃。

微波炉烤苹果　总计 30 千卡

材料
苹果 ……… 1 个

做法
将苹果去皮、去核，切成宝宝喜欢的形状（可用模具）。将苹果放在耐热器皿上，蒙上保鲜膜，用微波炉加热 60~90 秒。

幼儿期
点心餐前期
将点心视为清淡的饭食，让宝宝吃能促进营养均衡的点心

待结束断奶期、进入幼儿期后，只要是能促进营养均衡的点心，都可以给宝宝吃。每日的点心量几乎不会发生变化，要想有些变化，妈妈们可以在蔬菜和水果的制作上多花些心思。

每日点心进食量
- 140~160 千卡
- 一日2次

若是宝宝专用点心，则为

上午：饼干 3 片（30 千卡）＋ 大麦茶（0 千卡）　总计 30 千卡
下午：饼干 4.5 片（43 千卡）＋ 牛奶 100 克（67 千卡）　总计 110 千卡

香蕉牛奶　总计 75 千卡

材料
香蕉 ……… 30 克
牛奶 ……… 70 克

做法
用搅拌器将香蕉和牛奶搅拌成汁液状后，放入微波炉中加热 30 秒。

黄豆粉红薯泥　总计 80 千卡

材料
红薯 ……… 40 克
牛奶 ……… 10 克
黄豆粉 ……… 5 克

做法
红薯去皮，用水浸泡后放入微波炉中加热。待煮软后，将其捣成滑溜状。然后拌入黄豆粉和牛奶，调整好硬度即可。

简单易学的速成点心

牙龈咀嚼期

水果汤

材料

什锦水果切块（苹果、橘子、草莓、猕猴桃）
　　　　　　各10克
水淀粉　　　　少许

做法

1. 将水放入耐热器皿中，用微波炉加热1分钟。
2. 趁热加入少量水淀粉，制成芡汁。
3. 将芡汁放入微波炉中加热10秒后，倒入水果，搅拌均匀。

奶酪烤面筋

材料

烤面筋　　　　10克
奶酪粉　　　　2克
青海苔　　　　少许
牛奶　　　　　5克

做法

1. 将奶酪粉、青海苔和牛奶拌一起，在面筋表面抹上薄薄的一层。
2. 将面筋放入160℃的烤箱中烤8分钟。边观察边烤，切不可烤得过焦。

豆腐南瓜沙司

材料

嫩豆腐　　　　30克
南瓜　　　　　20克
牛奶　　　　　30克

做法

1. 南瓜去皮、去子后，包上保鲜膜，放入微波炉中加热1分钟。
2. 待热气散去后，用手将其揉成泥状，用牛奶将其稀释成沙司状。
3. 将南瓜沙司浇在切成大小合适的豆腐上。

妈妈的经验之谈　我家孩子不爱吃鱼，但不知为什么，对虾情有独钟。由于虾是一种富含蛋白质和钙质的好食材，所以除了饭食外，我

自由咀嚼期

酸奶芭菲

材料
玉米片 …… 20 克
香蕉蓝莓泥 …… 30 克
原味酸奶 …… 20 克

做法
先在容器中铺一层玉米片，再倒入原味酸奶和香蕉草莓泥，最后用几片玉米片装饰表层。

酸奶蒸糕

材料
面包粉 …… 1 袋
酸奶 …… 20 克

做法
用一定量的水将面包粉溶解开后，放入微波炉中加热 1 分钟成蒸糕。将蒸糕切成方便食用的大小，配上酸奶。

蔬菜蒸糕

材料
面包粉 …… 1 袋
什锦蔬菜 …… 20 克

做法
什锦蔬菜解冻，切好备用（青豌豆需去皮）。用一定量的水溶解面包粉，加入切好的什锦蔬菜，用微波炉加热 1 分钟。

面包蘸桃汁

材料
切片面包 …… 1/2 片
婴儿专用桃汁 …… 2 袋
水淀粉 …… 适量

做法
用一定量的开水将桃汁溶解后，用微波炉将其煮沸，一点点加入水淀粉，让果汁变稠。接着再用微波炉加热 10 分钟。待热气散去后，配上切成方便食用大小的切片面包。

还会将其加入点心餐中。（东京都 优子妈妈 宝宝 1 岁）

点心的选购方法、喂食标准

与断奶餐一样，请选择易于消化吸收的点心。

原则
控制甜度比什么都重要！

给宝宝吃点心应遵守"控制甜度、味道清淡"这个原则。这不仅仅是为了预防龋齿，还因为宝宝一旦记住很浓的甜味，就会觉得低糖点心不好吃。这样宝宝会越来越喜欢吃味道浓重的点心。

1 不可让宝宝摄入过多盐分、脂肪
含较多盐分和脂肪的糕点，会给宝宝的消化功能带来很大的负担。断奶期的点心应以每100克含200毫克钠为上限（食盐浓度为0.5%）。由于成人点心的食盐量一般超过这个标准，而宝宝专用点心对盐分和脂肪有很好的控制，所以每天可以让宝宝吃少量宝宝专用点心。

2 不可让宝宝摄入过多热量
与宝宝专用点心相比，普通点心的热量要高很多。如果宝宝想吃多少就给多少，就会导致热量摄入过多。如果选择宝宝专用点心，便可以让宝宝吃得心满意足。

3 选择没有添加剂或添加剂极少的食品
让我们的饮食生活完全远离食品添加剂，是一件困难的事。但是，包含点心在内的婴儿食品都是无添加剂食品或使用天然添加剂制作而成的食品。与市面上销售的加工食品相比，它的安全度更高。

4 应让宝宝吃可以嚼碎或可以直接吞咽的点心
商品外包装上标示的开始月龄只不过是一个参考标准。在喂宝宝吃点心前，请先确认宝宝的咀嚼能力是否可以胜任。此外，妈妈们应记住：容易堵喉咙的糖类食品，3岁以后才能食用；容易被吸入支气管和肺部的坚果类食品，在4岁之前应避食。

5 过敏体质的孩子一定要确认原材料
过敏体质的孩子，不论是宝宝专用食品，还是市面上销售的普通点心，在购买的时候都应确认外包装上的标示。

宝宝专用点心进食量

 自由咀嚼期

* 宝宝的点心进食量以一般点心的适宜摄入量为标准。

鲜虾脆饼 约15克
脆饼有硬度及制作食材之分。在喂宝宝吃之前，请先确认好。

饼干 5片（约13克）
请选择口感松脆、味道清淡的饼干。

宝宝专用维夫饼干 3片
这类饼干因甜度适当而备受宝宝的欢迎。它比成人吃的维夫饼干甜度低、热量少，可以放心喂食。

鸡蛋奶豆 约14克
这是宝宝必吃的点心。蔬菜混合奶豆也很有人气。

宝宝专用脆饼 9片
这类脆饼，大部分可以从婴幼儿时期开始喂。还可以让宝宝练习用手拿着吃。

配上100毫升大麦茶
自由咀嚼期的每日点心上限为65千卡，配上100毫升（0千卡）的大麦茶，刚刚好（约60千卡）。

蔬菜风味脆饼 约16克
若宝宝想吃很多点心，建议选择这种低热量的脆饼。

芝麻饼干 3片（约11克）
适合1岁左右宝宝吃，但它富含热量，请不要过量喂食。

爆米球 约12克
由于它入口即化，所以很受宝宝的欢迎。请边观察宝宝的吞咽状态边喂。

杂粮片 约15克
适合对鸡蛋、牛奶、小麦过敏的宝宝。它主要用蔬菜、小米等食材制作而成。

小鱼脆饼 约12克
若喂断奶餐很顺利，还可以加入这种有嚼头的硬点心。

奶酪饼干 13克
可爱的动物形状饼干。这种奶酪风味的饼干可以勾起宝宝的食欲。

第 5 章

宝宝饮食宜忌

处于断奶期的宝宝，不论是吞咽能力还是消化吸收能力，都尚未发育完善。因此，每个发育阶段都有可以喂宝宝吃的食物和不可以喂宝宝吃的食物。指南表用"●▲×"等符号标示，食材从何时开始可以喂宝宝吃，一目了然。但是这只是一个参考标准，做判断的时候应先确认宝宝处于哪个断奶阶段。

请核对主食食材
富含碳水化合物的食物

● ▲ ×
这三个符号所表示的意思

● 表示该食材不会给这个时期的宝宝带来负担,是适合宝宝吃、可以喂宝宝吃的食材。

喂宝宝吃之前请遵守喂食量标准,将食物做成适宜的硬度和大小。

▲ 表示喂该食材时不仅应注意烹饪形态,还需边观察宝宝状态边少量喂食。此外,可以喂但只能喂极少量的食材,也用▲标示。

× 表示该食材应该避免,或不适合宝宝吃。不同食材的避食原因各不相同,请参考具体解说。无需硬喂宝宝吃的食材,也会用×标示。

过敏 表示在一般情况下必须标示"容易引起过敏"的食材。若父母或兄弟姐妹对该食材过敏或宝宝因该食材出现过过敏症状,请务必谨慎使用。

盐分 表示因含盐较多而需多加注意的食材。一旦使用该食材,盐分总摄入量便可能超过1.5克——断奶期宝宝每日盐分适宜摄入量。

脂肪 表示因含脂肪较多而需多加注意的食材。宝宝摄入过多脂肪,不仅会给宝宝内脏带来负担,还容易引发腹泻。请严格控制摄入量。

甜味 表示因甜味较浓而需多加注意的食材。宝宝天生爱吃甜食,但浓厚的甜味不仅会引发龋齿,还会让宝宝爱上咸味。

荞麦面

过敏

- 整吞整咽期 ×
- 用舌搅碎期 ×
- 牙龈咀嚼期 ▲
- 自由咀嚼期 ▲

由于荞麦面是一种容易引发过敏的食物,所以在牙龈咀嚼期前,请不要喂宝宝吃。即使到了牙龈咀嚼期、自由咀嚼期,也应尽量控制进食量。

米线

- 整吞整咽期 ×
- 用舌搅碎期 ▲
- 牙龈咀嚼期 ●
- 自由咀嚼期 ●

这是一种以米为原料、味道清淡的面条。请按照外包装的标示加热烹饪,用筛篱沥干水分后,切成方便食用的长度。

乌冬面

过敏

- 整吞整咽期 ▲
- 用舌搅碎期 ●
- 牙龈咀嚼期 ●
- 自由咀嚼期 ●

因为乌冬面难以煮成黏糊状,所以最好整吞整咽期以后再食用。若想在整吞整咽期食用,则应从后半期开始。一般推荐使用可以煮得很软的乌冬面,在煮之前应先焯去盐分。

挂面

过敏

- 整吞整咽期 ×
- 用舌搅碎期 ●
- 牙龈咀嚼期 ●
- 自由咀嚼期 ●

从用舌搅碎期开始,宝宝可以食用煮软的挂面。挂面含有较多盐分。手抻面还含有油,食用前请充分揉洗。

米饭

- 整吞整咽期 ▲
- 用舌搅碎期 ●
- 牙龈咀嚼期 ●
- 自由咀嚼期 ●

米饭含有易为人体消化吸收的淀粉质,不易给肠胃增加负担。它因营养价值高而被视为最适合做断奶餐的食物。

面包

过敏

- 整吞整咽期 ▲
- 用舌搅碎期 ●
- 牙龈咀嚼期 ●
- 自由咀嚼期 ●

从预防过敏的角度考虑,面包应在出生6个月后食用。主要喂切片面包。面包边若能制作成易消化易食用的形式,也可以喂宝宝吃。

年糕

- 整吞整咽期 ×
- 用舌搅碎期 ×
- 牙龈咀嚼期 ×
- 自由咀嚼期 ×

由于年糕有堵塞喉咙的危险,所以宝宝应严禁食用。2岁前请不要喂宝宝吃年糕。用糯米蒸煮而成的红豆饭等糯米饭,食用前将糯米稀释成粥状,红豆磨成碎末。

香蕉

- 整吞整咽期 ●
- 用舌搅碎期 ●
- 牙龈咀嚼期 ●
- 自由咀嚼期 ●

由于香蕉虽是水果,但含糖量高,所以也被当作主食食用。最初阶段若加热食用,不仅可以放心喂食,还能增加甜度。未吃完的香蕉可以包上保鲜膜,放入冰箱中冷冻。下次食用前用微波炉解冻即可。

妈妈的经验之谈 听说只要换汤匙,宝宝便能多吃一点,于是我尝试了16把!现在女儿已成长为每次吃饭都大嚼大咽的2岁宝宝,曾经

土豆

- 整吞整咽期 ●
- 用舌搅碎期 ●
- 牙龈咀嚼期 ●
- 自由咀嚼期 ●

由于土豆一加热便能做成黏糊糊的土豆泥，且味道清淡，所以它是从整吞整咽期前半期开始便可以食用的食材。也可以用它做汤、烤饼、炖菜等。

红薯

- 整吞整咽期 ●
- 用舌搅碎期 ●
- 牙龈咀嚼期 ●
- 自由咀嚼期 ●

甜甜的红薯，凡是宝宝都爱吃。由于红薯一煮即软，容易捣碎，所以从整吞整咽期开始便可以用来做断奶餐。只要慢慢加热，便能煮出甜味。

玉米片

- 整吞整咽期 ✕
- 用舌搅碎期 ●
- 牙龈咀嚼期 ●
- 自由咀嚼期 ●

虽然从用舌搅碎期开始便可以食用，但只限于未加白糖等糖分的原味玉米片。若在用舌搅碎期食用，可以先将玉米片装入塑料袋中，用手指将其揉碎，用微波炉蒸煮。

燕麦片

- 整吞整咽期 ✕
- 用舌搅碎期 ●
- 牙龈咀嚼期 ●
- 自由咀嚼期 ●

特别适用用舌搅碎期的宝宝。以磨碎的燕麦为原料的燕麦片，含有丰富的膳食纤维和营养。若加入少许奶粉煮，便能将其煮成柔软的燕麦粥。也适合有便秘征兆的宝宝食用。

烤饼

- 整吞整咽期 ✕
- 用舌搅碎期 ✕
- 牙龈咀嚼期 ●
- 自由咀嚼期 ●

由于用烤饼粉制作而成的烤饼含有白糖，所以只能少量进食。喂宝宝吃之前，请将其撕成方便食用的大小，用牛奶泡一泡。

过敏

意面类

- 整吞整咽期 ✕
- 用舌搅碎期 ✕
- 牙龈咀嚼期 ▲
- 自由咀嚼期 ●

因为意面用高筋粉加工而成，所以它比乌冬面更硬、更筋道，即使长时间炖煮也不易煮烂。建议从牙龈咀嚼期开始食用。

过敏

用拌沙拉专用速煮意式实心细面做断奶餐，很方便。成人食用的那份，可以做成沙拉；宝宝吃的那份，多花一倍时间煮即可。有各种各样形状的通心粉，是很受大家欢迎的食材。若是速煮类通心粉，煮不到半分钟便能煮烂。

芋头

- 整吞整咽期 ✕
- 用舌搅碎期 ●
- 牙龈咀嚼期 ●
- 自由咀嚼期 ●

煮得黏糊糊的芋头，宝宝很容易吞咽。但吃多了容易发生口角炎，妈妈需特别注意。也可以将它做成芡汁，拌入干巴巴的食材中。用微波炉加热比较方便。

山药

- 整吞整咽期 ✕
- 用舌搅碎期 ●
- 牙龈咀嚼期 ●
- 自由咀嚼期 ●

不要喂宝宝吃生山药。从用舌搅碎期开始，可以喂宝宝吃经加热烹饪的山药。山药既可以煮着吃，也可以做成汤菜，还可以将其磨碎后做成烤饼。

玉米

- 整吞整咽期 ✕
- 用舌搅碎期 ✕
- 牙龈咀嚼期 ▲
- 自由咀嚼期 ●

玉米的外皮不易于消化，在使用之前，一般先将其切碎或用滤网磨碎。不论是新鲜玉米，还是罐装玉米、冷冻玉米，操作方法都一样。

为食量小而烦恼的经历，现在想想，简直难以置信。但那16把汤匙确实给了我力量，它们可以说是我的功臣。（东京都 京子妈妈 当时宝宝6个月）

食用方便是烹饪的第一要求
富含维生素和矿物质的食物

蔬菜

黄绿色蔬菜	浅色蔬菜
●胡萝卜　●芦笋	●黄瓜
●南瓜　　●秋葵	●芜菁
●番茄　　●叶菜	●白萝卜
●甜椒　　（菠菜、小油菜、茼蒿、	●洋葱
●西蓝花　萝卜叶等）	●圆白菜
●荷兰豆	●白菜
●西葫芦	●菜花
●芹菜	●茄子
●莴笋	●冬瓜

整吞整咽期 ●
用舌搅碎期 ●
牙龈咀嚼期 ●
自由咀嚼期 ●

若将蔬菜做成糊状，则从整吞整咽期开始便能喂宝宝吃蔬菜可以放入沸水中焯，也可以用微波炉加热。番茄、茄子等蔬菜的外皮不易吞咽，烹饪前应先去除。秋葵、番茄等蔬菜的子，在牙龈咀嚼期前必须去除。将绿叶蔬菜先放入沸水中焯一下，再放入水中浸泡片刻，可以让颜色显得鲜亮。制作菠菜的要领是，烹饪前先用水泡去涩味。

冷冻蔬菜

整吞整咽期 ●
用舌搅碎期 ●
牙龈咀嚼期 ●
自由咀嚼期 ●

将当季新鲜蔬菜急速冷冻而成的蔬菜，便是冷冻蔬菜。因为它随时可以使用，无需预煮，所以用它做断奶餐非常方便。

竹笋（水煮）

整吞整咽期 ×
用舌搅碎期 ×
牙龈咀嚼期 ●
自由咀嚼期 ●

从牙龈咀嚼期开始，可以将具有独特风味和鲜味的竹笋做成炖菜或汤给宝宝吃。柔软的笋尖部分，可以结合不同断奶期的特点，将其切成方便食用的大小。经水煮过的竹笋，涩味已去除。

豆芽等芽苗菜

整吞整咽期 ▲
用舌搅碎期 ▲
牙龈咀嚼期 ●
自由咀嚼期 ●

用豆类等植物的种子培育而成的蔬菜，被统称为"芽苗菜"。芽苗菜虽然营养价值高，但烹饪前需花时间去除芽头和根须。因此，不必让宝宝过早食用芽苗菜。请采用能将芽苗菜做成易食菜的烹饪法。

苦瓜

整吞整咽期 ▲
用舌搅碎期 ▲
牙龈咀嚼期 ▲
自由咀嚼期 ▲

由于即使煮软了也带苦味，所以很多宝宝都不喜欢吃。制作过程过于麻烦的食材，不必勉强食用。

香草类

整吞整咽期 ×
用舌搅碎期 ×
牙龈咀嚼期 ×
自由咀嚼期 ▲

香草有刺激性香味，无需特意用于断奶餐中。匀自成人饭菜的断奶餐，若只含有少许香草，便可以喂宝宝吃。

牛蒡

整吞整咽期 ×
用舌搅碎期 ×
牙龈咀嚼期 ●
自由咀嚼期 ●

若宝宝便秘，可用牛蒡做断奶餐。烹饪前请先用水将磨碎或削成薄片的牛蒡泡去涩味。

莲藕

整吞整咽期 ×
用舌搅碎期 ×
牙龈咀嚼期 ●
自由咀嚼期 ●

由于莲藕不易煮成黏糊状，所以用舌搅碎期以后才能喂宝宝吃。请按照不同断奶期的特点将莲藕切成适宜的大小。烹饪前若将莲藕去皮、磨碎，便能让宝宝享受黏糊糊的口感。

> 妈妈的经验之谈　若用整片海苔卷饭团，宝宝会因不易嚼烂而讨厌吃饭团。而若将其切成细丝抹在饭团上，宝宝便能一口吃下！（东京

水果

绝大部分水果，整吞整咽期即可食用

- 整吞整咽期 ●
- 用舌搅碎期 ●
- 牙龈咀嚼期 ●
- 自由咀嚼期 ●

虽然水果无法替代蔬菜，但按照一定比例同时喂宝宝吃蔬菜和水果，是一种更为理想的状态。若是新鲜成熟的水果，则绝大部分都可以从整吞整咽期开始喂宝宝吃。需注意的是，苹果、橙子等未加热的水果，可能会引起食物过敏。经过加热后，这些水果的过敏风险便会降低。

菠萝

- 整吞整咽期 ×
- 用舌搅碎期 ×
- 牙龈咀嚼期 ▲
- 自由咀嚼期 ▲

未加热的菠萝富含膳食纤维，不宜喂宝宝吃。此外，由于它含有蛋白水解酶，有刺激作用，所以从牙龈咀嚼期开始才能喂宝宝吃。可用微波炉加热。

罐装水果

- 整吞整咽期 ▲
- 用舌搅碎期 ▲
- 牙龈咀嚼期 ●
- 自由咀嚼期 ●

甜味

罐装水果虽然用起来十分方便，但对于宝宝而言，它的汁液过甜。喂宝宝吃之前请先用水洗去甜味，再将其捣碎或切碎。最好选择婴儿专用水果泥。

鳄梨

- 整吞整咽期 ×
- 用舌搅碎期 ▲
- 牙龈咀嚼期 ▲
- 自由咀嚼期 ●

脂肪

鳄梨果肉柔滑，含有不饱和脂肪酸。它虽然含有十分均衡的维生素和矿物质，但含脂肪较多。因此，在自由咀嚼期结束之前应少量喂食。

菌藻类

菌藻类富含矿物质，一般整吞整咽期后可食用

菌类（香菇、金针菇、口蘑）

- 整吞整咽期 ×
- 用舌搅碎期 ▲
- 牙龈咀嚼期 ●
- 自由咀嚼期 ●

由于菌类不易煮成黏糊状，所以整吞整咽期以后才能喂宝宝吃。菌类含膳食纤维较多，且含有有助于人体吸收钙质的维生素D。烹饪前请将其切成方便食用的大小。

羊栖菜

- 整吞整咽期 ▲
- 用舌搅碎期 ▲
- 牙龈咀嚼期 ●
- 自由咀嚼期 ●

若是做成黏糊状的少量羊栖菜，则从整吞整咽期开始便可以喂食。可以先用足量的水泡软，再放入汤汁中煮；也可以先将其焯软、切碎，再拌入沙拉中。

海带

- 整吞整咽期 ×
- 用舌搅碎期 ▲
- 牙龈咀嚼期 ▲
- 自由咀嚼期 ●

盐分

海带是一种富含维生素和矿物质的好食材。在将其做成菜肴前，需先用水泡软。从用舌搅碎期开始，可以少量喂食。请把握好咸度。

青海苔

- 整吞整咽期 ▲
- 用舌搅碎期 ▲
- 牙龈咀嚼期 ●
- 自由咀嚼期 ●

若是做成黏糊状的少量青海苔，则从整吞整咽期开始便可以喂食。它不仅具有独特的香味，而且富含矿物质。可用它作装饰配料，也可以将它拌入米粥、汤中。使用前请先用手揉碎。

琼脂

- 整吞整咽期 ▲
- 用舌搅碎期 ▲
- 牙龈咀嚼期 ●
- 自由咀嚼期 ●

琼脂是一种以石花菜为原材料，可以促进肠胃活动的植物胶。琼脂粉用水溶解开后，便能凝固成果冻状。用它制作滑溜口感的凉菜，十分方便。

烤海苔

- 整吞整咽期 ▲
- 用舌搅碎期 ▲
- 牙龈咀嚼期 ●
- 自由咀嚼期 ●

烤海苔是一种富含优质蛋白质、维生素和矿物质的食材。用水泡开并用滤网沥干水分后，可以将其做成黏糊状。可以加入米粥中，也可以拌入蔬菜、豆腐等食材中。

有进食量、进食顺序等规则
富含蛋白质的食物

扇贝

整吞整咽期	✕
用舌搅碎期	▲
牙龈咀嚼期	●
自由咀嚼期	●

含有很多美味成分的扇贝，不仅柔软，而且容易捣碎，是一种可以轻松用于断奶餐中的海鲜。一般从牙龈咀嚼期开始喂。但若能把扇贝做得十分柔软，用舌搅碎期也可以喂少量。

金枪鱼、鲣鱼、三文鱼

整吞整咽期	✕
用舌搅碎期	●
牙龈咀嚼期	●
自由咀嚼期	●

这三种鱼从用舌搅碎期开始便可以喂宝宝吃，无论哪种鱼都应选择脂肪少的。三文鱼应选择新鲜的；金枪鱼则应选择红肉部分，而非脂肪多的部分。喂食前请充分加热。

小沙丁鱼干

整吞整咽期	●
用舌搅碎期	●
牙龈咀嚼期	●
自由咀嚼期	●

盐分

小沙丁鱼干含有较多盐分，在烹饪前须先去除盐分。磨碎的鱼干，宝宝从整吞整咽期开始便可以食用。用舌搅碎期则需切成方便食用的大小。加入水，用微波炉加热后，沥干水分即能去除盐分。

蛤蜊

整吞整咽期	✕
用舌搅碎期	✕
牙龈咀嚼期	●
自由咀嚼期	●

从牙龈咀嚼期开始，可以喂宝宝吃经过剁碎、浇芡汁等烹饪处理的蛤蜊肉。由于加热后蛤蜊肉的肌纤维会变硬，所以将其拌入米粥、凉菜中或用它做汤、浇汁之前须切碎。用它做汤时需勾芡。

真鲷、鲆鱼、鲽鱼

整吞整咽期	●
用舌搅碎期	●
牙龈咀嚼期	●
自由咀嚼期	●

这三种鱼易于消化吸收。整吞整咽期的制作方法是，将其加热并磨碎后，或拌入米粥中，或先用汤汁、汤稀释鱼肉，再用水淀粉勾芡。

蚬子

整吞整咽期	✕
用舌搅碎期	✕
牙龈咀嚼期	●
自由咀嚼期	●

蚬子很鲜，可以煮出美味的汤汁。从牙龈咀嚼期开始可以喂宝宝吃。蚬子肉与蛤蜊肉一样，一加热便会变硬。小蚬子含肉少，最适合用来制作浇汁、汤等。

鳕鱼

整吞整咽期	✕
用舌搅碎期	✕
牙龈咀嚼期	●
自由咀嚼期	●

有引发过敏的危险，所以从牙龈咀嚼期开始才能喂宝宝吃。若先将其放入什锦火锅等火锅料理中煮好，再匀少量给宝宝吃，则更为方便。请使用新鲜的鳕鱼，不要使用腌过的鳕鱼。

妈妈的经验之谈　应对挑食的对策：先喂宝宝不爱吃的东西，待他吃完后，再喂他爱吃的。（神奈川县 里奥妈妈 宝宝1岁7个月）

牡蛎

- 整吞整咽期 ×
- 用舌搅碎期 ×
- 牙龈咀嚼期 ●
- 自由咀嚼期 ●

可以从牙龈咀嚼期开始喂宝宝吃经烹饪的柔软部位的牡蛎。牡蛎易于消化，而且营养丰富。喂食前请充分加热。

虾

过敏

- 整吞整咽期 ×
- 用舌搅碎期 ×
- 牙龈咀嚼期 ×
- 自由咀嚼期 ▲

虾因脂肪少、鲜味独特而颇有人气。由于虾肉一加热便会变得坚硬而富有弹性，所以喂之前应将其剁碎。吃虾容易过敏，1岁以后吃较为妥当。

墨鱼

- 整吞整咽期 ×
- 用舌搅碎期 ×
- 牙龈咀嚼期 ▲
- 自由咀嚼期 ●

一充分加热，墨鱼便会因肉质变硬而变得不易食用。撕去外皮再烹饪，便能方便宝宝食用。烹饪前请剁碎。

柳叶鱼

盐分

- 整吞整咽期 ×
- 用舌搅碎期 ×
- 牙龈咀嚼期 ×
- 自由咀嚼期 ▲

由于含有较多盐分，所以从自由咀嚼期开始仅能喂极少量。将其内外煮熟，剔除外皮和鱼刺，用开水洗去盐分后，可将极少量鱼肉拌入米粥中。

水煮金枪鱼罐头

盐分

- 整吞整咽期 ×
- 用舌搅碎期 ●
- 牙龈咀嚼期 ●
- 自由咀嚼期 ●

它不易引发过敏，推荐喂宝宝吃。这种罐头一般含有很多盐分，最好选择无食盐添加的产品。

章鱼

- 整吞整咽期 ×
- 用舌搅碎期 ×
- 牙龈咀嚼期 ▲
- 自由咀嚼期 ●

由于加热后章鱼的肉质变硬，变得不易食用，所以从牙龈咀嚼期后半期开始才能喂宝宝吃。章鱼富含蛋白质。若用萝卜汁煮章鱼，便能煮得很软。

三文鱼罐头

盐分

- 整吞整咽期 ×
- 用舌搅碎期 ▲
- 牙龈咀嚼期 ▲
- 自由咀嚼期 ●

用舌搅碎期便可喂宝宝吃，但由于罐装三文鱼含有较多盐分，所以仅能喂少量。做意式调味饭或炖菜时，可以用它调味。

肉末

混合肉末

- 整吞整咽期 ×
- 用舌搅碎期 ×
- 牙龈咀嚼期 ×
- 自由咀嚼期 ●

鸡肉末

- 整吞整咽期 ×
- 用舌搅碎期 ▲
- 牙龈咀嚼期 ●
- 自由咀嚼期 ●

牛瘦肉肉末

- 整吞整咽期 ×
- 用舌搅碎期 ×
- 牙龈咀嚼期 ●
- 自由咀嚼期 ●

猪瘦肉肉末

- 整吞整咽期 ×
- 用舌搅碎期 ×
- 牙龈咀嚼期 ▲
- 自由咀嚼期 ●

这些肉末虽种类不同，但制作方法相同。由于肉末既方便加工成丸子、各种形状的填塞食品，又容易与其他食材混拌一起，所以很适合用于断奶餐中。请选择脂肪少、品质佳的肉末。

鱼糕

盐分

- 整吞整咽期 ×
- 用舌搅碎期 ×
- 牙龈咀嚼期 ×
- 自由咀嚼期 ▲

含有很多盐分，请尽量选择无添加、无漂白的鱼肉加工品。偶尔可以在断奶餐中放入少量鱼糕调味。

第5章 宝宝饮食宜忌

烤鳗鱼片

整吞整咽期 ×
用舌搅碎期 ×
牙龈咀嚼期 ×
自由咀嚼期 ▲

脂肪　盐分

由于它含有很多脂肪和盐分，所以当想为断奶餐增加新意时，可以使用极少量。

鸡胸肉

整吞整咽期 ×
用舌搅碎期 ▲
牙龈咀嚼期 ●
自由咀嚼期 ●

鸡胸肉属于低脂肪肉，且肉质柔软。烹饪前请先去筋，放入沸水中焯一下，再做成方便食用的大小。

火腿

整吞整咽期 ×
用舌搅碎期 ×
牙龈咀嚼期 ×
自由咀嚼期 ▲

盐分

最好选择无添加剂、低盐的火腿。可以在断奶餐中加入少量的火腿调味。

香肠

整吞整咽期 ×
用舌搅碎期 ×
牙龈咀嚼期 ×
自由咀嚼期 ▲

脂肪　盐分

香肠是一种高脂肪、高热量、高盐的食品。自由咀嚼期可以喂少量。仅限于调味时使用。请选择无添加剂的香肠。

牛瘦肉

整吞整咽期 ×
用舌搅碎期 ×
牙龈咀嚼期 ●
自由咀嚼期 ●

从宝宝习惯吃鸡肉的牙龈咀嚼期开始，可以喂少量。若能将牛瘦肉像炖肉那样炖得很烂，用起来便十分方便。

鸡腿肉

整吞整咽期 ×
用舌搅碎期 ×
牙龈咀嚼期 ▲
自由咀嚼期 ●

由于它含有很多筋，且肉质硬，所以充分煮烂后才能从用舌搅碎期后半期开始喂宝宝吃。

叉烧肉

整吞整咽期 ×
用舌搅碎期 ×
牙龈咀嚼期 ×
自由咀嚼期 ▲

盐分

市面上销售的叉烧肉不仅含有很多盐分，添加剂也不少。虽然自由咀嚼期开始便可以食用，但只能喂少量。烹饪前请用开水洗去盐分。

猪瘦肉

整吞整咽期 ×
用舌搅碎期 ×
牙龈咀嚼期 ●
自由咀嚼期 ●

待宝宝完全习惯牛肉后，再让宝宝吃猪瘦肉。猪瘦肉含脂肪多，是宝宝最后挑战的肉类食材。牙龈咀嚼期仅能喂少量，从自由咀嚼期开始便没有限制。

动物肝脏

整吞整咽期 ×
用舌搅碎期 ×
牙龈咀嚼期 ●
自由咀嚼期 ●

请选择新鲜优质的肝。请先用牛奶泡去腥味，再放入沸水中焯，用擂杵捣碎。

羊肉

整吞整咽期 ×
用舌搅碎期 ×
牙龈咀嚼期 ▲
自由咀嚼期 ●

待宝宝习惯吃牛肉后，即可将去除脂肪、做成适宜大小的羊羔肉喂宝宝吃。

> 妈妈的经验之谈　喝剩下的奶粉，可以用来做牛奶面包粥、奶油沙司等。（岐阜县 小清妈妈 宝宝10个月）

奶酪

脂肪
过敏

整吞整咽期	×
用舌搅碎期	×
牙龈咀嚼期	▲
自由咀嚼期	▲

奶酪口感柔滑、味道醇厚，是宝宝们的喜爱之物。但由于它属于高脂肪、高热量食品，所以必须控制进食量。

鹌鹑蛋

整吞整咽期	×
用舌搅碎期	▲
牙龈咀嚼期	●
自由咀嚼期	●

和鸡蛋一样，从用舌搅碎期开始，可以让宝宝吃煮蛋的蛋黄部分。可以使用水煮蛋。若量少，可以代替鸡蛋使用。

生蛋

过敏

整吞整咽期	×
用舌搅碎期	×
牙龈咀嚼期	×
自由咀嚼期	×

由于生蛋中的蛋白质具有较强的致敏性，所以内脏尚未发育成熟的宝宝应严禁食用。吃生蛋还有引发食物中毒的危险。

牛奶

过敏

整吞整咽期	×
用舌搅碎期	×
牙龈咀嚼期	●
自由咀嚼期	●

不可用牛奶代替母乳。每天让宝宝喝过多牛奶，会给脏器尚未发育成熟的宝宝带来负担。1岁之前，不可用牛奶代替母乳或奶粉使用。

原味酸奶

过敏

整吞整咽期	×
用舌搅碎期	×
牙龈咀嚼期	×
自由咀嚼期	●

易于消化吸收的原味酸奶，可以将它拌入蔬菜和水果中，或加入汤中。

含糖酸奶

甜味
过敏

整吞整咽期	×
用舌搅碎期	×
牙龈咀嚼期	×
自由咀嚼期	▲

因为含糖酸奶含有很多糖分，所以仅能喂少量。

鲜奶油

脂肪
过敏

整吞整咽期	×
用舌搅碎期	▲
牙龈咀嚼期	●
自由咀嚼期	●

虽然鲜奶油的脂肪易于消化吸收，且用于断奶餐中也很方便，但必须控制进食量。

白干酪

过敏

整吞整咽期	×
用舌搅碎期	●
牙龈咀嚼期	●
自由咀嚼期	●

白干酪味道清淡，没有特殊的味道。它含蛋白质多，含脂肪和盐分少，适合用于断奶餐中。使用前请先用滤网磨碎。它不能长时间保存，打开后请尽快用完。

日本豆腐

盐分

整吞整咽期	×
用舌搅碎期	×
牙龈咀嚼期	×
自由咀嚼期	▲

市场上销售的日本豆腐非常软滑。虽然宝宝都爱吃，但这种豆腐一般含有很多盐分和添加剂。因此，1岁之前不可喂宝宝吃。1岁之后也只能喂少量。

大豆（水煮）

整吞整咽期	×
用舌搅碎期	×
牙龈咀嚼期	×
自由咀嚼期	●

将大豆撕去薄皮后，或剁碎或磨碎，做成方便食用的大小。可以通过调味和改变烹饪法让大豆的味道多些变化。

纳豆

整吞整咽期	×
用舌搅碎期	●
牙龈咀嚼期	●
自由咀嚼期	●

从用舌搅碎期开始便可以食用。最初阶段请将纳豆加热、磨碎。若购买已剁碎或磨碎的纳豆,则更为方便。用微波炉加热过的纳豆,可以轻松磨碎。

水煮豆类(红芸豆等)

整吞整咽期	×
用舌搅碎期	▲
牙龈咀嚼期	●
自由咀嚼期	●

这是一种甜度高、容易磨碎和使用的食品。在将其做成方便食用的大小前,请先撕去薄皮。

油豆皮

脂肪

整吞整咽期	×
用舌搅碎期	×
牙龈咀嚼期	▲
自由咀嚼期	▲

油豆皮是一种含油多、不易嚼烂的食材。即使将油分去除,对宝宝而言,它也是含油过多的食品。应少量喂食。没有必要勉强喂宝宝吃。

豆腐

整吞整咽期	×
用舌搅碎期	●
牙龈咀嚼期	●
自由咀嚼期	●

可以结合季节特点和个人喜好选择不同种类的豆腐。豆腐容易被污染,使用前请先加热杀菌。用微波炉加热也很方便。

蚕豆

整吞整咽期	●
用舌搅碎期	●
牙龈咀嚼期	●
自由咀嚼期	●

由于蚕豆容易做成糊状,所以从整吞整咽期开始便能食用。焯过的蚕豆只要撕去薄皮便能轻松磨碎。磨碎的蚕豆可以加入米粥或汤中。蚕豆含有丰富的蛋白质、铁、维生素 B_1。

豆泡

脂肪

整吞整咽期	×
用舌搅碎期	×
牙龈咀嚼期	▲
自由咀嚼期	▲

与油豆皮一样,将其去油后才能喂宝宝吃。从牙龈咀嚼期开始可以喂少量去除油炸层的豆泡。但是,没必要勉强喂宝宝吃。

豆浆

整吞整咽期	×
用舌搅碎期	×
牙龈咀嚼期	▲
自由咀嚼期	●

从预防过敏的角度考虑,从牙龈咀嚼期后半期开始少量喂更为妥当。可以用于汤和炖菜中。

豌豆

整吞整咽期	●
用舌搅碎期	●
牙龈咀嚼期	●
自由咀嚼期	●

豌豆十分容易弄碎,建议从整吞整咽期开始食用。它含有十分丰富的维生素和矿物质。将其煮软后撕去薄皮。可以用它做沙拉。

* 一般将蚕豆、豌豆归类为蔬菜,但考虑到富含蛋白质的豆类会给宝宝的内脏带来负担,所以此处将其归为豆类。

黄豆粉

整吞整咽期	×
用舌搅碎期	×
牙龈咀嚼期	×
自由咀嚼期	●

用炒过的黄豆磨成的粉末,即黄豆粉。由于加入水便能做成糊状,可以从自由咀嚼期开始喂食。

妈妈的经验之谈 当宝宝吃饭时开始玩盘子时,我就在她面前另放一个盘子,一点点地把食物夹到她面前的盘子上,这样她就不会玩了。

饮料类

咖啡

- 整吞整咽期 ×
- 用舌搅碎期 ×
- 牙龈咀嚼期 ×
- 自由咀嚼期 ×

含有大量咖啡因的咖啡，对宝宝而言，刺激性过强。加了牛奶的咖啡也是如此，不要喂宝宝喝。

乌龙茶、混合茶

- 整吞整咽期 ×
- 用舌搅碎期 ×
- 牙龈咀嚼期 ×
- 自由咀嚼期 ▲

乌龙茶及混合茶均含有很多咖啡因。即使是一岁多的宝宝，也只能喝极少量。能不喝尽量不喝。

运动饮料

- 整吞整咽期 ×
- 用舌搅碎期 ×
- 牙龈咀嚼期 ×
- 自由咀嚼期 ×

由于运动饮料是面向成人开发的饮料，所以它会给宝宝的身体带来负担。而且它含有不少添加剂。

矿泉水

- 整吞整咽期 ×
- 用舌搅碎期 ×
- 牙龈咀嚼期 ×
- 自由咀嚼期 ▲

矿泉水中的矿物质成分也会给宝宝尚未发育成熟的消化系统带来负担。

100% 纯果汁

- 整吞整咽期 ▲
- 用舌搅碎期 ▲
- 牙龈咀嚼期 ▲
- 自由咀嚼期 ●

未经稀释的纯果汁饮料，含糖量非常高。1岁之前，可以喂宝宝喝少量用1倍以上的凉白开稀释而成的果汁。1岁以后也需控制摄入量。

碳酸饮料

- 整吞整咽期 ×
- 用舌搅碎期 ×
- 牙龈咀嚼期 ×
- 自由咀嚼期 ×

碳酸饮料刺激强，含糖多，不适合给宝宝喝。一般不能给宝宝喝。

宝宝大麦茶

- 整吞整咽期 ●
- 用舌搅碎期 ●
- 牙龈咀嚼期 ●
- 自由咀嚼期 ●

这种大麦茶不含咖啡因，也无添加物，是给宝宝补充水分的良好饮料。

果汁饮料

- 整吞整咽期 ×
- 用舌搅碎期 ×
- 牙龈咀嚼期 ×
- 自由咀嚼期 ▲

大多数果汁饮料，即使是100%纯果汁，也含有10%以上的糖分。有的果汁饮料还加入了多种合成香料。

绿茶

- 整吞整咽期 ×
- 用舌搅碎期 ×
- 牙龈咀嚼期 ×
- 自由咀嚼期 ▲

除咖啡因外，绿茶还含有鞣酸。给宝宝喝时，请喂少量稀释过的绿茶。

麦芽饮料

- 整吞整咽期 ×
- 用舌搅碎期 ×
- 牙龈咀嚼期 ×
- 自由咀嚼期 ●

麦芽饮料含牛奶成分，1岁以后才可以喝。由于它含糖多，所以让宝宝喝用水和粉末状麦芽制作而成的淡饮料，更为妥当。

红茶

- 整吞整咽期 ×
- 用舌搅碎期 ×
- 牙龈咀嚼期 ×
- 自由咀嚼期 ▲

红茶咖啡因含量高，即使长至1岁，喂红茶时也应慎重。

（冈山县 纱代妈妈 宝宝11个月）

好好培养宝宝的味觉
干制品、已烹饪好的食品、调味料等

果酱

甜味

请尽量选择无添加、低糖的果酱。果酱仅限于作调味之用，每次使用时仅能加入极少量。

干萝卜丝

干萝卜丝含有十分丰富的钙、铁、钾。但由于纤维较硬，不易于消化吸收，所以从牙龈咀嚼期开始才可用于断奶餐中。

花生黄油（加糖）

甜味　脂肪
过敏

花生黄油不仅50%以上都是脂质，还含有很多糖分，因而仅能用少量。虽然无糖的花生黄油从牙龈咀嚼期开始便可使用，但仅限于少量。从自由咀嚼期开始少量使用，更为妥当。

烤面筋

过敏

烤面筋是一种用富含蛋白质的面筋烤制而成的食品。由于它有引发小麦过敏的危险，所以从吞咽整吞期的后半期，即6个月以后才可以食用。

干香菇

与鲜香菇相比，干香菇不仅香味和鲜味更浓厚，还富含B族维生素、铁。由于它含有很多纤维，所以烹饪前需切碎。若能将干香菇磨成碎末，则用舌搅碎期便可食用。

动物胶

由于动物胶的蛋白质分子很大，有引发过敏的危险，所以1岁前禁止食用。在自由咀嚼期之前制作果冻，也不要加动物胶。

魔芋丝

容易堵喉咙的魔芋，一般严禁喂宝宝吃。虽然材料相同，但做成细条状的魔芋丝，只要切成方便食用的长度，从牙龈咀嚼期开始便可少量喂食。

瓶装金针菇

盐分

这是一种用调味料煮制而成的金针菇。虽然就着它吃米粥和米饭十分下饭，但含盐较多，即使到了自由咀嚼期，也只能吃极少量。

芝麻酱

脂肪　过敏

整吞整咽期	×
用舌搅碎期	×
牙龈咀嚼期	▲
自由咀嚼期	▲

因为芝麻酱含有很多油分，所以从牙龈咀嚼期开始才能让宝宝摄入极少量。它的脂肪含量超过50%，请将它作为脂肪使用。它有引发过敏的危险，不要频繁喂宝宝吃。

煮豆（市场贩售品）

红芸豆

花扁豆

甜味

整吞整咽期	×
用舌搅碎期	×
牙龈咀嚼期	▲
自由咀嚼期	▲

食材本身并没有问题，只要去皮即可。但通常含糖分多。用水煮去糖分后，可以将切碎的少量煮豆拌入米粥中。

咸菜

盐分

整吞整咽期	×
用舌搅碎期	×
牙龈咀嚼期	×
自由咀嚼期	×

有的咸菜很软，将其切碎后，看似没什么问题。但是一般含有很多盐分和添加剂。请不要给宝宝吃。

炒芝麻、现磨芝麻

整吞整咽期	×
用舌搅碎期	×
牙龈咀嚼期	▲
自由咀嚼期	▲

由于芝麻有可能会被吸入气管中，容易引发误吞事故，所以不可给宝宝吃。牙龈咀嚼期以后，可以食用制成糊状的芝麻。

饺子皮、馄饨皮（市售品）

过敏

整吞整咽期	×
用舌搅碎期	×
牙龈咀嚼期	●
自由咀嚼期	●

有的加了很多添加剂，少食为好。尽量自己在家制作。从牙龈咀嚼期开始即可食用。

米饭调味料（市售品）

盐分

整吞整咽期	×
用舌搅碎期	×
牙龈咀嚼期	×
自由咀嚼期	▲

米饭调味料不仅盐分多，还含有很多添加剂。从自由咀嚼期开始，可以让宝宝偶尔吃极少量。

冷冻干炸食品

盐分　脂肪

整吞整咽期	×
用舌搅碎期	×
牙龈咀嚼期	×
自由咀嚼期	×

这类用油炸制而成、含有很多作料的食品，不适合给宝宝吃。

方便面

脂肪　盐分

过敏

整吞整咽期	×
用舌搅碎期	×
牙龈咀嚼期	×
自由咀嚼期	×

方便面不可给宝宝吃。因为它含有的盐分、脂肪和添加剂都会给宝宝的身体带来很大的负担。1岁以后，如果宝宝非吃不可，可让其食用少量非油炸方便面。吃之前用开水洗一下。

冷冻烧卖

脂肪　盐分　过敏

整吞整咽期	×
用舌搅碎期	×
牙龈咀嚼期	×
自由咀嚼期	▲

这种烧卖味道浓厚、脂肪多，不适合宝宝吃。即使用开水洗烧卖的外皮，也无法洗去配料中含有的盐分和脂肪。将极少量烧卖切碎后，可以以拌入米饭的方式稀释它的味道。经过稀释的烧卖，从自由咀嚼期开始可以食用。

肉卤

盐分　脂肪

整吞整咽期	×
用舌搅碎期	×
牙龈咀嚼期	×
自由咀嚼期	▲

和咖喱一样，从自由咀嚼期开始，宝宝可以吃作调味之用的少量肉卤。由于肉卤含油多、味道浓厚，所以宝宝仅能吃稀释后的肉卤。

速溶汤

盐分

- 整吞整咽期 ×
- 用舌搅碎期 ×
- 牙龈咀嚼期 ×
- 自由咀嚼期 ×

速溶汤含有非常多的盐分，不可给宝宝喝。即使是自由咀嚼期的宝宝，也只能偶尔喝极少量用一倍多水稀释过的速溶汤。

冷冻杂烩饭

盐分

- 整吞整咽期 ×
- 用舌搅碎期 ×
- 牙龈咀嚼期 ×
- 自由咀嚼期 ▲

由于盐分已渗入米饭中，所以即使用开水洗也依然很咸。不推荐喂宝宝吃，若非吃不可，可以从自由咀嚼期开始喂宝宝吃极少量。

番茄汁

盐分

- 整吞整咽期 ×
- 用舌搅碎期 ×
- 牙龈咀嚼期 ▲
- 自由咀嚼期 ●

由于番茄汁味道浓厚，所以最多可食用3克。建议使用不含调味料的番茄汁。

固体汤料

盐分

- 整吞整咽期 ×
- 用舌搅碎期 ×
- 牙龈咀嚼期 ×
- 自由咀嚼期 ▲

固体汤料不仅含盐多，还含有香辛料、化学调味料。因此，不适合将其用于断奶餐中。即使是自由咀嚼期的宝宝，也只能少量食用匀成人饭菜的稀释品。

番茄酱

- 整吞整咽期 ●
- 用舌搅碎期 ●
- 牙龈咀嚼期 ●
- 自由咀嚼期 ●

将番茄煮烂即可做成不含添加剂的番茄酱。可以将它视为蔬菜之友。这是一种宝宝喜欢的调味料，推荐大家使用自制的鲜番茄酱。

甜酒

甜味

- 整吞整咽期 ×
- 用舌搅碎期 ×
- 牙龈咀嚼期 ▲
- 自由咀嚼期 ▲

这是一种用糯米制作而成的味道浓厚的甜酒。使用前请先加热，以便让酒精完全挥发。由于它含有很多糖分，所以应控制摄入量。从牙龈咀嚼期开始，可以让宝宝摄入极少量。

鸡精

盐分

- 整吞整咽期 ×
- 用舌搅碎期 ×
- 牙龈咀嚼期 ×
- 自由咀嚼期 ×

不宜用于断奶餐中。它含有谷氨酸钠等物质，若食用过多，会与食盐过量摄入一样，对身体造成伤害。

醋

- 整吞整咽期 ×
- 用舌搅碎期 ×
- 牙龈咀嚼期 ▲
- 自由咀嚼期 ▲

虽然食材本身没有任何问题，但这是一种宝宝不擅长吃的调味料，没必要勉强用于断奶餐中。如果宝宝不讨厌，便可以使用。

调味汁

盐分　脂肪

- 整吞整咽期 ×
- 用舌搅碎期 ×
- 牙龈咀嚼期 ×
- 自由咀嚼期 ▲

调味汁含有盐分、油、香辛料以及其他添加剂，并不是很好的调味品。可以用果汁代替调味汁使用。

黑糖

- 整吞整咽期 ×
- 用舌搅碎期 ×
- 牙龈咀嚼期 ×
- 自由咀嚼期 ●

黑糖虽然富含矿物质成分，但可能含有肉毒杆菌。1岁前，请不要给宝宝吃。

咖喱粉

- 整吞整咽期 ×
- 用舌搅碎期 ×
- 牙龈咀嚼期 ×
- 自由咀嚼期 ▲

若宝宝喜欢咖喱的味道，可以从自由咀嚼期开始，加极少量于断奶餐中，让断奶餐有些新变化。

蜂蜜

- 整吞整咽期 ×
- 用舌搅碎期 ×
- 牙龈咀嚼期 ×
- 自由咀嚼期 ●

蜂蜜虽然含有大量对身体有益的糖分，但1岁前不要给宝宝吃。

胡椒粉

- 整吞整咽期 ×
- 用舌搅碎期 ×
- 牙龈咀嚼期 ×
- 自由咀嚼期 ▲

胡椒粉刺激性强，不适合用于断奶餐中。匀给宝宝吃的成人饭菜中，可以加入一点。

低聚糖

- 整吞整咽期 ▲
- 用舌搅碎期 ●
- 牙龈咀嚼期 ●
- 自由咀嚼期 ●

低聚糖可改善肠内环境。从整吞整咽期后半期开始，可用低聚糖代替白糖使用。

妈妈的经验之谈　吃剩的婴儿食品可以用来做烤饼的馅儿。做好的烤饼，可以让宝宝抓着吃。（爱媛县 今日子妈妈 宝宝1岁1个月）

基础调味料 & 不同时期的调味标准表

为了不给宝宝身体带来负担的，使用调味料时不可超过本表列出的标准量。每类调味料仅能选择1种，且不可超过使用上限。这里列出的标准量，是1次断奶餐使用的总量。

	植物油	黄油	蛋黄酱
	进入整吞整咽期的后半期后，即宝宝习惯黄油等易于消化吸收的乳脂肪后，可以将植物油用于断奶餐中。推荐使用橄榄油等优质植物油。植物油容易氧化，请多加注意。	从整吞整咽期的后半期开始，即6个月的时候可以将黄油用于断奶餐中。黄油虽是一种易于消化吸收的乳脂肪，但通常含盐较多。建议选择无盐黄油。	大部分成分是油脂，可谓是脂肪之友。1岁前，加热后才可用于断奶餐中。从自由咀嚼期开始，可以直接使用，但须观察宝宝的状态。
整吞整咽期 5～6个月	● 极少量	● 极少量	✕ 不可使用
用舌搅碎期 7～8个月	● 2克	● 2克	必须加热！ ▲ 2克以下
牙龈咀嚼期 9～11个月	● 3克 	● 3克	必须加热！ ▲ 3克以下
自由咀嚼期 12～18个月	● 4克	● 4克	▲ 4克以下

盐分 / 糖分

食盐	酱油	大酱	白糖
加入食盐的食品非常多，如乌冬面、面包、意面等主食食材均含有食盐。最好不用食盐调味。	与盐一样。因为各种食品中都含有盐分，所以仅限作调味之用。	可以当盐使用。仅限加入极少量作调味之用。	糖分常用于食品中，摄取机会比较多。作为调味料使用的白糖，仅限使用极少量。
✕ 不可使用	✕ 不可使用	✕ 不可使用	▲ 极少量
▲ 淡咸 	▲ 淡咸	▲ 淡咸	▲ 淡甜
▲ 微咸	▲ 微咸	▲ 微咸	▲ 微甜
▲ 稀释至成人的1/2	▲ 稀释至成人的1/2	▲ 稀释至成人的1/2	▲ 稀释至成人的1/2

断奶期应准备婴儿食品
在外吃饭的宜与忌

若要把成人饭菜匀给宝宝吃，请选择适宜食材

1岁以后，宝宝便会伸手要大人正在吃的东西。这个时候，是否匀给宝宝吃要看菜谱而定，需看一下这些饭菜都用了哪些食材。匀给宝宝吃时，为了不给宝宝肠胃增加负担、方便宝宝食用，需对食材做些处理，如用开水稀释、浸泡于牛奶中等。

此外，大人还应遵守这些礼仪：吃完后把垃圾收拾好并带回；若把桌子弄脏了，离席前收拾干净；若宝宝哭闹，把宝宝抱到门外，等等。可以随身带着玩具和绘本等宝宝喜欢的东西。

亲手制作不易变质的断奶餐

外面的饭菜一般味道浓厚、脂肪多、热量高。因此，外出吃饭时，携带宝宝的饭食是大人应遵守的基本原则。

为了减慢食物变质的速度，携带亲手制作的断奶餐时需记住两大要领：①制作时尽量减少食物的水分；②在2~3小时内吃完。建议大家制作方便携带的主食类食物。

现在，很多餐厅都会提供开水及其他温馨服务，以便喂宝宝吃断奶餐。此外，带宝宝外出吃饭时，最好避开人流拥挤的时段。

匀饭菜时的注意事项和诀窍

油炸肉饼份饭

盐分　脂肪

做熟的蔬菜可以先用叉子或汤匙捣碎，再一点一点喂食。

米饭若加入开水并用汤匙稍稍碾压，宝宝更易食用。

玉米汤中若加入了鲜奶油，就属于高脂肪食品。由于它还含有大量盐分，所以仅限喂经开水稀释的玉米汤。

烤鱼份饭

盐分　脂肪

烤鱼份饭热量不高，但含盐多。可以将其中1份菜和米饭匀给宝宝吃。烤鱼请选择未撒盐的鱼肉部分，喂之前请先捣碎，剔除鱼刺。

可以将未蘸上调味汁的鱼肉内侧柔软部分匀给宝宝吃。吃之前请用开水洗一下。

去除鱼刺和外皮后，将柔软的鱼肉戳碎，喂宝宝吃1~2口。

杂烩粥

盐分

虽然十分易于吞咽，但味道浓厚。因此，喂之前需用开水稀释。请避开鱼贝类，将蔬菜和里外煮熟的鸡蛋匀给宝宝吃。

喂之前请先用开水稀释。蔬菜若切成小块，宝宝更易食用。

妈妈的经验之谈 夏天天气炎热，食欲不佳。醋的香味可以勾起食欲，只要加一点，便有助于宝宝进食。（栃木县　未悠妈妈　宝宝1岁）

米粥

用汤炖煮而成的米粥通常含有很多盐分。因此,并不适合给宝宝吃。若是白粥,则用舌搅碎期以后即可食用。

用开水稀释并尝过咸淡后,再喂宝宝吃。咸淡的衡量标准是,是否接近家中断奶餐的味道。

豆腐锅

清爽的豆腐锅是断奶早期便能匀给宝宝吃的食物。相比未加热的凉豆腐,用汤汁煮熟的豆腐更适合匀给宝宝吃。

蛋包饭

通常盐分和脂肪超标。可以喂宝宝吃少量未被番茄酱覆盖的鸡蛋部分。

因为有过敏的可能,所以不可喂宝宝吃半熟蛋包饭。

乌冬面

虽然乌冬面容易分成份儿,但砂锅面等煮得很烂的乌冬面味道很重。因此,不可给宝宝吃。请选择水煮面等清淡口味的乌冬面。

请将面条的柔软部分切成小段,吃之前请先用开水稀释。

蒸鸡蛋羹

由于鸡蛋羹使用的是全蛋,最好1岁左右在喂食。汤汁含有很多盐分,仅限少量食用。

将鸡蛋部分匀到盘子中后,用汤匙一口一口地喂。

奶汁烤通心粉

由于在炒配料的过程中使用了奶油和黄油,属于高热量食物,还含有很多盐分。因此,只能喂宝宝吃通心粉。喂食时请避开鱼贝类、肉类等配料。

通心粉有些硬,喂之前请先切成小段。

烧卖

因为烧卖中加入了酱油、盐、胡椒粉等调味料,所以含盐量很高。而且,肉末本身也含有很多脂肪。

将中间的柔软部分夹出后,放入开水中边摇晃边洗,将盐分和脂肪洗去。

三明治

牙龈咀嚼期以后,即使给宝宝吃三明治,也只能喂吃面包部分。中间的配料等断奶结束后,宝宝才能吃。

由于面包的内侧抹有黄油和芥末,所以只能让宝宝吃面包的外侧部分。喂之前请将面包的外侧部分浸泡于牛奶中,把面包泡软。

拉面

不仅面含有盐分,全体80%的盐分都在汤中。喂之前请先用开水洗一下。

为了将吸附在面条上的汤汁抖落下来,请先在开水中来回晃动面条,接着将面条切成方便食用的长度。

夹出蛋黄部分喂宝宝吃。

包子

包子的种类很丰富,无论是哪种包子,使用的都是高盐分、高热量的配料。只能给宝宝吃包子的外皮部分。

意面

避开被调味汁充分浸泡的面条,是喂宝宝吃意面的原则。喂之前请先挑出未被调味汁覆盖的面条,再用开水洗一下。

因为意面很硬,所以用开水将意面上的盐分和脂肪洗掉后,还需用叉子等将其切成小段。

实用信息　专栏

为进餐和外出
提供方便的婴儿辅食
喂养用品

刀叉用具

容易抓握的独特刀叉
这种刀叉不仅柄把粗，而且其弯曲度正好适合宝宝的小手。当宝宝想自己吃时，建议使用这种刀叉。

方便喂食的长柄勺
这种长柄勺很容易拿住。用它喂食，可以减少食物掉落的次数。

盘子

让宝宝慢慢享受各种各样的饭菜
这是一种可以将米饭和菜肴盛在一个盘子中的午餐盘。它的特点是：盘沿高，方便宝宝用汤匙舀着吃。

培养宝宝想自己吃的积极性
盘子边缘高出一圈的设计，方便宝宝从盘子中舀出食物。将绿环取下，即可当普通餐具使用。

围嘴

立体口袋型围嘴
这种围嘴恰好适合宝宝的体型，用起来十分舒服。它的独特之处是：掉落的食物宝宝也能抓着吃。

便利用品

用微波炉轻松做粥
将它放入微波炉中，只需稍稍加热便能做好一份米粥。可以通过增减水量调节米粥的软硬度。

可以将食物分成小份的多格保存容器
盖子上设有隔板，将想冷冻的食物放入其中，盖上盖子，便能做成约3厘米宽的立方块。可以省下将食物分成小份的工夫。

椅子

超有人气的餐椅
不仅稳固性一流，还附有防止宝宝从座椅滑出的专用腰带。

在外就餐时可以派上大用场的便携式餐椅
将其夹在桌子间并固定住，即可使用。由于可以折叠，便于随身携带。

宝宝长大后也能用的餐椅
这是一种可配合宝宝的身高调整座位高度、脚踏板深度和高度的餐椅。

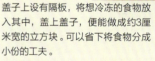

盘子和杯子的防滑垫
这是一种防止盘子和杯子移动，用于宝宝用汤匙舀取食物时的方便实用垫。将其卷成一团，即可随身携带。

出门必备物品

可将面条切断、磨碎、汇集一起的切刀
用切刀可以快速将面条切成适宜的长度。想把成人的面匀给宝宝吃时，它也可以派上大用场。

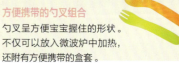

方便携带的勺叉组合
勺叉呈方便宝宝握住的形状。不仅可以放入微波炉中加热，还附有方便携带的盒套。

 妈妈的经验之谈　想将面条匀给宝宝吃时，使用小切刀非常方便。我曾把它当礼物送给其他妈妈。（东京都 洋子妈妈 宝宝10个月）

第 6 章

断奶期疑惑解答

初次做断奶餐,一定会接连不断地遇到各种不明白的、让你不知所措的问题。
母乳与奶粉的平衡分配问题、让人担心的大便问题、宝宝的喜好问题、
与进食量及宝宝体格有关的烦恼、吃饭时的礼仪训练等各种疑问,
在本章节中,我们按时期逐一回答。

即将开始喂断奶餐时的疑问

很多妈妈都有这个疑问：只喝母乳和奶粉的宝宝什么时候开始断奶？由于何时断奶因人而异，所以在决定喂断奶餐前，妈妈们需仔细观察宝宝的状态。

Q 在断奶前可以不喂宝宝喝果汁、汤吗？（3个月）

A 没必要喂宝宝喝

没有必要勉强喂宝宝喝。若要补充水分，凉白开就已足够。据报告显示，有的宝宝曾因过量饮用果汁而引发腹泻和过敏症状。这说明喝果汁并不是越早越好。若想喂宝宝喝，请在开始喂断奶餐之后。一日内最多不可超过30毫升。请用汤匙喂，不要用奶瓶喂。由于鲜榨的果汁过于浓厚，会给宝宝的身体带来负担，所以在喂之前需用凉白开将其稀释。

喂宝宝喝果汁，应用汤匙，而非奶瓶。喂水果泥优于喂果汁。

Q 低体重宝宝也在5~6个月喂断奶餐？（4个月）

A 以预产期之后5~6个月为标准

一般情况下，出生体重未满2500克的低体重宝宝，开始喂断奶餐的时间也需往后推迟。长得比较大的低体重儿，可以将预产期作为出生日期，按预产期推算断奶的开始日期。此外，除了考虑时间外，若宝宝身体各项发育良好，如脖子可以立稳、宝宝一看到食物便表现出兴趣等，说明可以喂断奶餐了。宝宝的身体发育因人而异，具体喂食时间最好咨询医生。

Q 若体重已超过8千克，是否可以提前断奶？（4个月）

A 除了体重外，还需看发育状态

什么时候开始喂断奶餐，得看宝宝的发育状态。有的妈妈因担心宝宝过胖而想提前喂断奶餐，其实几个月时的"肥嘟嘟"不能称之为"肥胖"，不应提前开始喂断奶餐。

Q 有过敏症状的宝宝是否应推迟喂断奶餐？（4个月）

A 一般都是出生后5~6个月开始喂

过早喂断奶餐会给宝宝的身体带来负担，但辅食添加最晚也不应晚于六个半月。不可因担心过敏而过晚开始添加辅食。

犹豫不定的时候，可以咨询医生。

Q 因某些原因还不能喂断奶餐，怎么办？（6个月）

A 尽量不晚于六个半月

虽然因感冒等原因而推迟断奶是没有办法的事，但一旦超过7个月，宝宝储藏于体内的来自妈妈的铁便会急剧减少。

因此，最晚六个半月的时候开始喂宝宝吃断奶餐，让宝宝从食物中吸收铁，是很重要的一步。

此外，若7个月以后开始喂断奶餐，不仅会影响断奶餐的顺利开展，还会影响宝宝咀嚼力的发育。

Q 断奶餐从夏季开始喂，是不是不太好？（5个月）

A 无论从哪个季节开始，都没关系

过去由于食品的保存方法不够先进，夏季食物容易腐烂，不适合将它作为喂断奶餐的起始期。现在，从哪个季节开始都没关系。

不过，从梅雨期到初秋的这一段时间，是食物中毒多发季节，需特别注意食品的存放和餐具的卫生等问题。

将蔬菜放进冷藏室时，若撕去外包装袋，用潮湿的报纸包上，会更加卫生。

定期清扫冷藏室内的搁物板和蔬菜格。先用抹布拭去上面的污渍，再用厨房专用除菌喷雾器清洗，效果会更好。除了打扫内部外，不要忘了擦冰箱门和把手。

Q
喂断奶餐时只要给宝宝吃各种各样的食材，宝宝就不会偏食？（5个月）

A
将来的偏食与断奶餐没有关系

可以让宝宝吃各种各样的食材，但这并不能预防将来的偏食。因为嗜好（味觉）的定型通常在从小学高年级至青春期的这段时间，因此不可操之过急，应用长远的目光看问题。不过需注意一点：初次喂宝宝从未吃过的东西时，出于本能，往往会拒绝进食。这时，只要妈妈先吃一口，宝宝便能放心进食。此外，良好的就餐氛围也十分重要。让宝宝试着品尝各种各样的食材吧！

Q
是否可以推迟晚上喂餐时间，即在晚上9点的时候喂宝宝吃断奶餐？（5个月）

A
在夜深时段进食，对宝宝的身体有害

喂宝宝吃断奶餐，最晚不可晚于晚上7点。8点以后进食，吃完后马上就寝，会给宝宝的消化系统带来负担。这个时间段可以喂宝宝母乳。

Q
喂奶时间不固定，喂断奶餐的时间也可以不固定？（5个月）

A
先确定喂断奶餐的时间

先让宝宝每天都在同一时间吃断奶餐，再配合这个时间调整喂奶的时间和次数。喂断奶餐的时间一旦确定便不可更改——这一点很重要。有规律地喂断奶餐，能让宝宝形成良好的生活节奏。

Q
从初期到结束一直用婴儿食品，可以吗？（5个月）

A
出于培养宝宝咀嚼力的考虑，妈妈还应亲手做断奶餐

在开始喂断奶餐不久的整吞整咽期，无论是软硬度还是咸淡度，婴儿食品都是妈妈们可参考的最佳范本。但是，进入用舌搅碎期后，仅仅喂婴儿食品并不能在量上满足宝宝。特别是到了牙龈咀嚼期，仅凭婴儿食品不能促进宝宝咀嚼能力的正常发育。在用舌搅碎期以后若加入亲手做的食物，不仅可以保证营养丰富、数量充足，还可以促进宝宝咀嚼能力的发育。

Q
担心蔬菜上的农药和添加剂，怎么办？（5个月）

A
尽量选择安全的食材，清洗时请多加注意

将蔬菜充分清洗并焯水，可大幅度减少蔬菜上的农药。加工品则尽量选择含添加剂少的食品。不过，含添加剂少的食品，出于延长保质期的考虑，盐会相应多一些。因此，若因为是无添加食品便大量喂食，会让宝宝摄入过多盐分。使用焯过的食品，可大幅度降低盐分浓度。

洗菠菜等蔬菜时，先将蔬菜泡在盆里，仔细清洗叶子和根部，再用流水冲洗，将污垢冲走。

整吞整咽期的疑问

刚开始喂断奶餐，即使是一点小挫折，妈妈们也容易耿耿于怀。但是，随着时间的推移，大部分妈妈都不会再在意这些小挫折。食物的软滑度和喂食的时机，是这个时期的关键点。

Q 米粥刚吃进去就吐出来，总是不咽下去，怎么办？（5个月）

A

将米粥做成非常软滑的稀汤状

若宝宝刚吃进去东西便用舌头吐出来，从咀嚼的角度考虑，或许这时开始喂断奶餐还为时尚早。2~3天后可以再挑战下。如果宝宝最开始的时候不会紧紧闭住嘴唇，食物常常从嘴角流出来，可以做用汤匙将食物送入嘴中的练习。反复训练后，宝宝便掌握了闭嘴吞咽食物的技能。

若还是不能顺利咽下食物，可以试着将米粥做成接近液体的稀汤状，并加入母乳、奶粉等宝宝熟悉的食物。米粥细细磨碎后，变得十分软滑。若连一点点的粗糙感宝宝都不能接受，则可以喂宝宝吃非常软滑的婴儿食品。

先用擂钵捣碎，再用迷你搅蛋器拌匀，即可做成软滑的米粥。

Q 宝宝喂食时总吮吸手指，喂断奶餐没有进展，怎么办？（5个月）

A

边观察宝宝的样子，边轻轻挪开手指

这可能是宝宝介意液体以外的东西进入嘴中的缘故。虽然没必要强迫宝宝停止这一行为，但若尽早纠正，可防止宝宝养成吮吸手指的习惯。可以尝试这么做：前20分钟随他（她）怎么玩，一过这个时间，妈妈便轻轻挪开手指，让宝宝专心吃断奶餐。

Q 可以宝宝想吃多少便喂多少吗？（5个月）

A

以标准量的1.2倍为上限

1小匙食物，若用断奶餐专用汤匙喂，便是好几匙。开始喂断奶餐的第1~2周，请控制喂食量，最多多喂1倍。

1~2周后，即宝宝习惯断奶餐后，可以采取宝宝想吃多少便喂多少的喂食方法。但是，须以喂奶量没有明显减少为前提。因为在整吞整咽期，母乳和奶粉还是宝宝的主要营养来源。

由于在喂食量上，宝宝之间存在很大的个体差异，所以按宝宝的食欲喂食也是很重要的一步，并选择容易消化的食物。

Q 宝宝讨厌吃米粥，一口都不吃，怎么办？（6个月）

A

可以不喂米粥

即使把米粥做得非常软滑，宝宝也不吃，可以用其他富含碳水化合物的食物代替米粥。将香蕉、土豆、红薯、面包等食材磨成滑溜状喂宝宝吃吧！

不过，千万不要因此断定宝宝不能喝米粥。因为随着身体的不断发育，宝宝的口味也会发生变化。可以时不时地让宝宝尝尝米粥的味道。

土豆泥

做法
1. 将20克土豆煮软，捣成滑溜状。
2. 用水将其稀释成宝宝容易吞咽的稀稠度。

Q 宝宝吃完断奶餐后不喝奶，怎么办？（6个月）

A

只要其他时间好好喝，便没有问题

宝宝吃完断奶餐后，是否喂母乳、奶粉以宝宝是否想喝为准。辅食吃得好，可以减少喂奶量，相反则增加喂奶量。如此一来，便能双管齐下，保证宝宝摄入充分的营养。只要宝宝的体重、体高符合生长发育曲线，没有必要过于担心。

香蕉糊

做法
1. 将20克香蕉捣成滑溜状后，用少量奶粉或母乳稀释成黏糊状。
2. 用微波炉加热或放入锅中稍煮片刻。

牛奶鱼粥

Q

宝宝好像讨厌吃鱼肉，刚吃进去就马上吐出来，怎么办？（6个月）

A

将鱼肉做成口感滑溜的糊状

由于鱼类等富含蛋白质的食物一加热便会变硬，容易呈现出干巴巴的状态。可将鱼肉做成含水分多、口感滑溜的糊状。加入芡汁也是一种有效的方法。可以试着加入水淀粉，或拌入磨碎的香蕉、米粥等。

将鱼肉磨成滑溜状。最好将鱼糊做成有些厚重的浓汤状。

材料

鱼肉 …………………………… 5克
米饭 …………………………… 10克
奶粉 …………………………… 4克

做法

1. 鱼肉放入沸水中焯一下，倒出煮汁，备用。
2. 用擂钵将步骤1的鱼肉捣碎后，加入步骤1的煮汁，将其稀释成糊状。
3. 将米饭、奶粉、煮汁放入锅中煮，将其做成10倍粥。
4. 用擂钵将步骤3的米粥捣碎后，浇上步骤2的鱼糊。喂之前将其搅拌均匀。

Q

可以喂宝宝吃大人嚼碎的食物吗？（5个月）

A

可能会引起龋齿，请马上停止

严禁将大人嚼碎的食物喂给宝宝吃。大人的嘴中有各种各样的杂菌，这些细菌通过这种喂食方式可能转移到宝宝的嘴中。即使是为了确认断奶餐的温度，也应避免用嘴试过食物喂宝宝吃。此外，还应减少用大人的汤匙喂宝宝吃的次数。

Q

可以喂宝宝吃前一天吃剩的断奶餐吗？（5个月）

A

将吃剩的断奶餐倒掉

食物从做好到喂宝宝吃的这一段时间，即使放在常温下冷却，也会滋生细菌。断奶餐不仅营养丰富、味道淡，还富含水分。

如果是喂宝宝吃之前预先匀出来的食物，则可以放入冷藏室中保存。第二天喂宝宝吃之前，务必加热。也可以用微波炉加热。保存1天以上的食物，应倒掉。

Q

开始喂断奶餐后，大便不仅次数多了，还很稀，怎么办？（5个月）

A

若宝宝精神状态好、食欲好，留意观察即可

开始喂断奶餐后大便变稀是常有的事。若宝宝精神状态好、食欲好，每次都很高兴地吃断奶餐，则可以继续喂食。大便之所以发生变化，是因为由液体改为断奶餐后，肠内环境发生了变化。待宝宝的身体习惯断奶餐后，大便就会恢复正常。

但是，若宝宝没有精神，多次排出像水一样的大便，并伴有呕吐等现象，就需前往医院就诊。这种现象很可能是由感冒或病菌感染引起的，与断奶餐无关。

Q

宝宝讨厌吃断奶餐，爱喝奶，怎么办？（6个月）

A

找好喂断奶餐的时机

宝宝一旦肚子彻底饿了，便会急不可待地吃断奶餐。吃完后，宝宝便会想喝他（她）熟悉的奶粉。请把喂断奶餐的时间提前30分钟，在宝宝过于饿之前喂宝宝吃。

用舌搅碎期的疑问

用舌搅碎期是一个不论是进食量还是食物种类都会出现个体差异的时期。断奶餐的推进速度因宝宝而异,请妈妈们做好思想准备。在这个时期,整吞食物以及挑食等问题,会逐一出现。

Q 宝宝一次只吃5小匙,怎么办?(7个月)

A 请试着减少喂奶量

7个月应逐渐增加断奶餐喂食量。一天你喂多少次奶?如果喂6次以上,可能是母乳(奶粉)喂得过多的缘故。只要稍微减少喂奶量,宝宝便能吃下很多食物。

Q 宝宝只要食物中有块状物便吐出来,怎么办?(7个月)

A 从减少宝宝现在能吃的食物的水分做起

请减少没有块状物、磨得十分滑溜的食物的水分,以便让宝宝习惯稍硬一点的食物。减少水分的标准是:让食物从黏糊状变为酱状。待宝宝习惯后,再让宝宝做用舌头搅碎豆腐等绵软食物的练习。将豆腐切得薄一点,便可以让宝宝做搅碎食物的练习。

上下方的豆腐分别为用舌搅碎期前半期和后半期的豆腐软硬标准。

Q 喂完断奶餐后,宝宝几乎不喝奶,怎么办?(7个月)

A 不用勉强喂宝宝喝奶

如果宝宝好好吃断奶餐,一切都进展得很顺利,即使宝宝饭后不喝奶,也无需担心。不过,因为7个月的宝宝只从断奶餐中摄取30%的营养,剩下的70%都需从母乳或奶粉中获取,所以如果宝宝饭后不喝奶,妈妈需要在吃饭以外的喂奶时间(早中晚各1次)好好喂奶。

Q 宝宝想吃大人的米饭,怎么办?(8个月)

A 让宝宝吃软饭,待宝宝吃累后,用其他主食作补充

虽然很多宝宝都讨厌口感黏糊糊的米粥,但成人的米饭对宝宝而言还是过硬。因为宝宝无法用舌头搅碎,所以容易养成整吞整咽的习惯。请将米饭做成软饭,并配以稍软一点的菜肴。

对于这个时期的宝宝而言,软饭还是有些硬。因此,往往会因嚼累了而吃不下每顿所需进食量。不足部分请用薯类、面条、面包、香蕉等其他富含碳水化合物的食物补充。

Q 只喂宝宝吃他最爱吃的米粥,食谱是否过于单调?(7个月)

A 这个时期可让米粥多些变化

用舌搅碎期可以以米粥为主。建议将干巴巴的菜与米粥混拌一起,这样宝宝吃起来更轻松。

此外,如果将米粥与蔬菜、富含蛋白质的食物放在一起炖煮,则只需让宝宝吃这一样便能保证营养均衡。如果除米粥以外,还将乌冬面、燕麦粥以及玉米片等食材用于断奶餐中,断奶餐的种类将更加丰富。

米粥的创意食谱

小沙丁鱼杂烩粥做法

1. 将去除盐分的小沙丁鱼干、适量煮软的胡萝卜和绿叶蔬菜切碎。
2. 将步骤1的食材拌入50克5倍粥中。

Q 宝宝不吃肉和鱼,是否会蛋白质摄入不足?(8个月)

A 将豆腐、纳豆、蛋黄等食材用于断奶餐中

肉和鱼一加热便会因变得干巴巴而难以吞咽。因此,烹饪时可以先将其煮软、弄碎,再加入芡汁,使之变得滑溜。此外,在富含蛋白质的食物中,也有像豆腐和纳豆这样口感滑溜、宝宝爱吃的食材。除豆腐和纳豆外,还可以将蛋黄等食材加入断奶餐中。这个时期让宝宝吃肉和鱼是为了让其习惯各种食材的味道,因此在断奶餐中加入一点点即可。

加入番茄的味道
只需加入少许番茄泥,便能让杂烩粥的味道发生变化。

加入奶酪粉
减少小沙丁鱼干的量,并加入4克奶酪粉煮片刻,便能将它变为具有浓厚奶酪风味的杂烩粥。

Q
担心宝宝吃鸡蛋过敏，让宝宝吃多少为好？
（8个月）

A
从不易致敏的煮蛋蛋黄开始喂起

鸡蛋含很多成长必需的优质蛋白质、维生素、矿物质。如果父母、兄弟姐妹对鸡蛋过敏，或得过严重的湿疹，请咨询医生是否可以进食。最初阶段可以先喂宝宝吃极少量的煮蛋蛋黄，慢慢增加喂食量。

番茄蛋黄

材料
煮蛋蛋黄……………………1/2个
番茄………………………………20克
韭菜…………………………………5克
水淀粉……………………………少许

做法
1. 番茄放入沸水中焯过后，撕去外皮，切成碎末；韭菜洗净，切碎。
2. 锅中水煮沸，加入步骤1的食材，用水淀粉勾芡。
3. 将步骤2的芡汁浇在已用擂钵捣碎的蛋黄上。

Q
宝宝不擅长咀嚼食物是因为还没长牙吗？（7个月）

A
这个时期的宝宝不是用牙咀嚼食物，而是用舌头搅碎食物

这个时期，宝宝是用舌头搅碎食物，与是否长牙没有关系。一般，出生6个月左右开始长下前牙。但是，什么时候长牙，宝宝之间存在很大的个体差异。此外，月龄不同，牙的数量和长牙的地方也各不相同。即使是进入断奶结束期，即宝宝1岁左右，槽牙也没长全。因此，宝宝1岁时也不是用牙咀嚼，而是用牙龈咀嚼。为了让宝宝做用舌头搅碎食物的练习，请慢慢增加块状物在断奶餐中的比例。

Q
之前都吃得好好的，为什么突然就不吃了？（8个月）

A
很多宝宝都有这样的阶段，请从容对待

一直吃得很顺利，突然有一天就不吃了，这种情况并不少见。它被称为断奶餐的"中途松懈期"，很多宝宝都有这个阶段。这可能是因为宝宝之前一直在拼命地吃，吃久了便有些厌食。不要强迫宝宝吃东西，可以试着增加一些方便食用的软滑类食谱，让宝宝的断奶餐软硬搭配。此外，这时宝宝的智力已开始发育，他们很容易因对吃饭以外的事物感兴趣而分散注意力。如果食谱过于千篇一律，可以重新调整食材、烹饪法、调味法等，让每天的断奶餐多些变化。偶尔也可以换个地方吃饭，如在阳台或在外面吃饭等，让宝宝转换下心情。

Q
宝宝吃1小碗饭需要半小时多，如何纠正？
（8个月）

A
吃饭速度因人而异

虽说吃断奶餐的最佳标准时间是20分钟左右，但每个孩子都有自己的吃饭速度。请妈妈耐心地陪宝宝吃完。如果是担心宝宝以后不能适应幼儿园的集体生活，可以在入园前训练宝宝在30分钟内吃完。如果吃饭慢是因为边吃边玩的缘故，则可以给宝宝定下吃饭时不可玩耍的规矩。

推荐便秘宝宝吃的食材

红薯

燕麦粥

绿叶蔬菜

Q
大便硬，宝宝每次大便都很痛苦，该怎么办？（8个月）

A
多喂宝宝吃富含膳食纤维的食物

刚开始喂断奶餐时出现的便秘，主要由肠内菌群的变化和喂奶量的减少而引发的水分不足引起。而在断奶餐顺利开展后出现的便秘，则主要由肠内菌群不均衡以及膳食纤维摄入不足引起。让宝宝多吃含膳食纤维多的食物，能促进肠道蠕动，让大便畅通无阻。此外，建议在断奶餐中多使用含有纳豆菌的纳豆、含膳食纤维多的蔬菜等。再者，试着调整下宝宝的饮食节奏。

牙龈咀嚼期的疑问

随着宝宝不断发育成长，妈妈们会遇到更多突发状况。应以"情绪佳便没问题"的豁达心态面对，时间可以帮你解决很多问题。

第6章 断奶期疑惑解答

Q 早上起得晚，全天无法吃3顿断奶餐。（9个月）

A 请在能力范围内尽早将饮食调整为一日3餐

9个月左右的宝宝，每日所需营养有60%从断奶餐中摄取。因此，每日2顿断奶餐并不能满足宝宝的营养需求。请慢慢将生活调整为早起模式，把宝宝的饮食节奏调整为早、中、晚一日三餐吧！

目前建议按照中午11点第1顿、下午3点第2顿、晚上7点第3顿的时间安排喂断奶餐。请务必做到这两点：两餐之间的间隔最少4小时；结束晚餐的时间最晚不晚于8点。

Q 宝宝比起断奶餐，更想喝奶。（10个月）

A 喝奶过多的时候，请让宝宝与奶瓶说再见

10个月的宝宝主要从断奶餐中摄取营养，每日的饮奶量应控制在600毫升左右。若因喝奶过多而无法顺利喂断奶餐，除了会出现营养不足等问题外，还会影响咀嚼力。从现在到一岁半左右，是培养宝宝的基础咀嚼力的时期。在这个时期，妈妈应增加断奶餐的分量，让宝宝好好吃东西，多做咀嚼食物的练习。可以用训练杯代替可以轻松喝下大量奶的奶瓶。只要减少喝奶量，断奶餐的进食量自然会增加。还可以在断奶餐的制作上多下功夫，如将断奶餐做成牛奶风味等。

Q 宝宝无论是断奶餐还是母乳都喜欢吃，我担心他长得过胖。（10个月）

A 若要减少进食量，请减少母乳

这个时期宝宝如果好好吃断奶餐，能从断奶餐中摄取足量的营养，就没必要一天喂好几次奶。妈妈应意识到"母乳喂养期即将结束"这一点，将重心放在断奶餐的喂食上。只要宝宝的体重、身高符合正常的生长曲线图即可。可以通过改变食材的形状以增加食物的硬度和大小，如将食物做得稍硬一点或切得大一点等。

Q 宝宝进食量非常少，也很瘦。（11个月）

A 强行改变体质，只会适得其反，请用长远的眼光看宝宝的生长发育问题

你是否一直认为宝宝长得胖一点好？其实，进食量少、身体偏瘦，这是由与生俱来的体质决定的。强迫这种体质的宝宝多吃东西，只会让他（她）更讨厌吃饭。个头小的宝宝如果精神状态好，体重按照生长曲线不断增加，便无需担心。这样的孩子往往一到青春期便会飞速成长。

为了让宝宝摄入均衡营养，即使进食量少，也应从3大类食物中各选出一种食材制作断奶餐。此外，请为宝宝创造轻松愉快的就餐氛围。因为就餐时妈妈表现出的不安情绪以及充满不安的氛围，也会给宝宝带来压力。

当宝宝的体重有减无增时，请咨询医生。

Q 无论切得多小，宝宝都不吃蔬菜。（10个月）

A 宝宝挑食，很可能是因为这种食物难以吞咽

这个时期的挑食，大多是因为食物难以吞咽，而不是因为味道、气味等原因。与其将蔬菜切碎，还不如试着让宝宝用手拿着切得较大的蔬菜。让宝宝用手拿着，他（她）便会塞到嘴里吃，即使没吃多少，至少也能尝个味。

此外，请在断奶餐的制作上多下功夫。如将经滤网磨碎的蔬菜（可用婴儿食品）加入琼脂、蒸鸡蛋羹、蒸糕中等。

材料 西瓜土豆玉米糊
西瓜 ………………… 10克
土豆 ………………… 20克
玉米片 ……………… 30克

做法
1. 将玉米片磨碎后，与蒸熟的土豆混拌一起。
2. 将步骤1的食材盛入器皿中，放上切成粗碎的西瓜，边搅拌边喂宝宝吃。

Q 宝宝吃东西时不嚼就整个吞下，该怎么办？（9个月）

A

请把食物做成无法整个吞咽的形状

喂宝宝吃饭时，你将汤匙送到哪个位置？如果将汤匙送入比牙龈还深的内部，让宝宝无法使用嘴唇和上颌，宝宝便无法咀嚼食物。另外，步入牙龈咀嚼期后，用舌头无法搅碎的食物，宝宝会用牙龈将其嚼碎。因太硬而无法嚼碎的食物，宝宝不是将它吐出，便是整个吞下。特别是稍小点的硬食物，宝宝更容易吞下。解决这个问题的一大诀窍是：初期不要把食物做得太小，尽量做得大一些。建议喂宝宝吃焯过的胡萝卜条、煮软后切成2厘米厚的蔬菜薄片。

Q 我发现婴儿食品过软，不适合对应月龄的宝宝吃。（9个月）

A

可以拌入硬一点的食材，以增加嚼劲

牙龈咀嚼期以后，可以根据宝宝的吃饭状态，将蔬菜碎末等稍硬一点的食材拌入婴儿食品中，以增加食物嚼劲。

Q 宝宝吃胡萝卜，拉出来的还是胡萝卜。这是消化不良吗？（9个月）

A

只要不是腹泻，便没问题

吃什么便拉出来什么是常有的事。只要不是腹泻，便没有问题。即使是尚未完全消化的东西变成大便拉出来，只要宝宝精神好、情绪佳，便无需担心。

大便中的胡萝卜色是沉淀下来的胡萝卜素。因为胡萝卜含膳食纤维多，很多时候无法被宝宝完全消化吸收。除胡萝卜外，番茄、菠菜、海藻、菌类等食材也常常出现这种情况。

Q 宝宝一坐下就马上站起来走，不能坐着吃。（11个月）

A

即使宝宝逃走，也不要追

即使宝宝站起来逃走，也不可追着宝宝喂饭。因为如果这样，宝宝便会觉得被追赶是件开心事，他们容易将吃饭当成游戏看待。妈妈可以坐在餐桌边（断奶餐的旁边），当宝宝靠近时再喂宝宝吃。不过，此时一定要大声叫宝宝"快坐下吃"。因为宝宝坐在矮桌上容易站起来，所以让宝宝坐在餐椅上吃饭也是一个不错的方法。

Q 是不是到了让宝宝与奶瓶说再见的时候？（9个月）

A

还不是强行换下奶瓶的时候

能够理解妈妈想让宝宝快点告别奶瓶的心情，但9个月还是宝宝需要喝奶的时期。如果这时让宝宝用杯子喝奶，他们便会喝得很少，因此还应让宝宝接着用奶瓶喝奶。但是，随着断奶餐喂食量的增多，妈妈应慢慢减少宝宝的喝奶量。1岁后，宝宝依然不怎么用杯子喝奶，妈妈应换下奶瓶，让宝宝用杯子喝奶。现在不要强行换下奶瓶，请在增加断奶餐的喂食量上多下功夫。

最初阶段，妈妈用手扶着杯子喂宝宝喝。喂饮料时，请让宝宝的脸朝下。

Q 宝宝不擅长用吸管，用吸管喝奶总是喝不好。（10个月）

A

让宝宝练习用杯子喝

让宝宝学会用杯子喝饮料才是我们的目标。因为吸管与杯子的喝法不一样，所以不会用也无妨。用杯子喂宝宝喝饮料的时候，先让宝宝的上下嘴唇夹住杯边，再倾斜杯子。请扶好杯子，不要将杯边放进比下前牙还深的内部。因为杯边一旦超过前牙，宝宝便不好喝。可以先在杯中装少量饮料，让宝宝做练习。

自由咀嚼期的疑问

在即将与断奶餐告别的时期，除烹饪和营养方面的问题外，妈妈们还要面临进餐礼仪培训等各种各样的问题。待这些问题解决后，宝宝便可以顺利进入幼儿期了。

Q 宝宝想吃大人的饭菜，不想吃味淡的断奶餐。（1岁2个月）

A 让宝宝回归淡味吧！每餐盐分应控制在 0.5 克以下

一过周岁，宝宝便可以吃绝大部分食品，而且吃成人饭菜的次数也会越来越多。久而久之，容易让宝宝记住浓厚的味道。但是，盐分摄入过多会给宝宝发育尚未成熟的肾脏带来很大的负担。成人饭菜的味道对现在的宝宝而言还是过于浓厚。1次断奶餐可使用的盐分为0.4~0.5克。用两根手指抓1小撮，差不多就是这个克数。如果宝宝讨厌淡味，可以采取咸淡交替方案：将盐分集中在一盘菜中，其他饭菜只用水果、酸奶、番茄等食材调味。由于面包等都含有盐分，所以建议主食以不含盐分的米饭为主。

Q 宝宝不用汤匙吃饭，全用手抓着吃。（1岁3个月）

A 请妈妈做宝宝的帮手

妈妈可以先把食物放在汤匙上，再喂宝宝吃，让宝宝做用汤匙吃饭的练习，激发起其用汤匙吃饭的热情。

但是，如果宝宝来回挥舞汤匙，只是将汤匙作为游戏道具使用，只能说明让宝宝用汤匙吃饭还为时尚早。如果是这样，就让宝宝多用手抓着吃饭吧！如果想激发宝宝模仿的欲望，可以试着让宝宝多看看妈妈用汤匙吃饭的情景。

Q 宝宝不擅长吃绿叶类蔬菜，喂完后都含在嘴中。（1岁4个月）

A 可以用其他黄绿色蔬菜代替

这个时期，爱吃绿叶蔬菜的宝宝很少。将它与纳豆、酸奶拌在一起，或做成奶汁烤菜，也可以用切碎的蔬菜做成蔬菜米饭。

如果以上方法都不可行，就用胡萝卜、南瓜、芦笋等黄绿色蔬菜代替绿叶类蔬菜吧！

Q 宝宝进食量时多时少。（1岁4个月）

A 喜好和进食量随心情、健康状态发生变化，属于正常情况

很多妈妈都为宝宝的挑食问题、变化无常的进食量而烦恼。其实，大人的饮食喜好也会随当天的情绪和身体状况发生变化，有时甚至会因此没了食欲。

若有些食材无论怎么做宝宝都不想吃，则可以用其他食材代替。比如宝宝不吃肉，可以用鱼贝类、大豆制品、鸡蛋、乳制品代替肉；胡萝卜和绿叶蔬菜则可以用番茄、南瓜等蔬菜代替。请不要担心，到了某个阶段，宝宝会高兴地吃下以前讨厌吃的食物，而且吃得一点都不少。

Q 宝宝不想自己吃，总张嘴等着我喂。（1岁）

A 请培养宝宝自己吃饭的积极性

当宝宝伸手抓饭菜的时候，怕宝宝把餐桌和房间弄脏的妈妈，这时如果严厉制止，宝宝"想自己吃"的积极性便会受打击。此外，如果妈妈还没等宝宝说想吃什么，便抢先把宝宝想吃的夹到嘴里，宝宝本人或许就会认为自己没必要伸手。

试着让宝宝饿肚子，让他用手抓食物。即使弄得到处都是，也应用稍稍夸张的语气表扬宝宝，如"宝宝自己吃完了，真棒！"。可以多做一些可用手抓着吃的饭菜，让宝宝自己抓来吃。不久之后，当宝宝看到周围大人吃饭的样子，便会主动要求自己吃饭。

让宝宝用手抓着吃，不仅可以让他（她）记住一口的分量，还能让他（她）有时间充分咀嚼食物。

适合用手抓着吃的食谱

建议给自由咀嚼期的宝宝准备一口大小的口感软滑的食物。上方是在米饭中掺了面粉和少许水的烤米团。下方是拌有土豆碎末和胡萝卜碎末的蔬菜烙饼。

Q
宝宝一直食量小，即使是现在，也是爱母乳超过断奶餐。（1岁3个月）

A
从营养的角度考虑，这时即使断奶了也没问题

当宝宝食量小且体重增加不理想时，妈妈应让宝宝多吃断奶餐，而非母乳。若宝宝夜里哭闹，常常要母乳喝，且断奶餐喂得不顺利，请果断断奶吧！一岁多的宝宝，从营养的角度考虑，即使断奶了也不会有问题。请用喂奶以外的身体接触代替喂奶这种精神上的依赖。

Q
一会儿站起来，一会儿玩餐具，宝宝总是无法静下心来吃饭。（1岁1个月）

A
边玩边吃是无法避免的，请随他去

一两岁的宝宝最喜欢边吃边完，这种现象到3岁左右才会有所改观。由于这是在宝宝独自吃饭前妈妈想纠正也纠正不了的问题，所以请尽量随他去。当宝宝来回走的时候，请不要追着喂，就在原地等待。待宝宝回到座位上再喂食物，喂15~20分钟后即可提前结束喂食工作。边吃边玩的宝宝会吃得少一些，但不必放在心上。

请做到这一点：只能在规定的时间喂食，中途即使宝宝想吃也不能喂。

Q
为了让宝宝安静地待着，是否可以在吃饭时间开电视？（1岁2个月）

A
吃饭时请不要看电视

如果将让宝宝看电视作为阻止他们边玩边吃的对策，那么即使宝宝不再边玩边吃，也会养成边看电视边吃饭的坏习惯。

当宝宝2岁，可以独自吃饭的时候，便会为了看电视而慢吞吞地吃饭。

曾有人指出，长时间看电视会对宝宝语言能力的发育带来不良影响。

Q
宝宝吃带肉末的菜没问题，一吃普通的肉便吐出来。（1岁3个月）

A
宝宝不爱吃的东西，请好好调味

由于宝宝具有从嘴中挑出他（她）不喜欢吃的东西的能力，所以将切成小块的肉放入炒面或炒菜中，并不是上上策。请牢记一点：将宝宝不爱吃的食物的味道做得重一些，喜欢吃的食物的味道做得淡一些，可以让宝宝多吃一些他（她）不爱吃的食物。其实，能吃肉末的宝宝，不久之后便能吃普通的肉，妈妈不妨等一等。

Q
宝宝不爱喝牛奶，不喝行吗？（1岁2个月）

A
请留意宝宝是否钙质不足

这个时期，为了给宝宝补充钙质等矿物质，每日需喂宝宝喝300~400毫升奶粉或牛奶。若宝宝不怎么喜欢喝牛奶，可以让宝宝多吃奶酪、酸奶、小油菜、豆腐、羊栖菜、小沙丁鱼干等，以补充蛋白质和钙质。钙不仅是骨骼、牙齿的主要矿物质成分，也是血液凝结、肌肉收缩、神经传递所必需的元素。

富含钙质的食材

虾　　　　羊栖菜　　　小油菜

豆腐　　　小沙丁鱼干　　奶酪

牛肉蔬菜卷

材料

牛肉 ································ 15克
胡萝卜 ···························· 10克
盐 ································ 少许

做法

1. 将胡萝卜去皮，切条，放入沸水中焯一下。
2. 用抹上盐的牛肉卷上几根步骤1的胡萝卜条，将封口处朝下摆放。
3. 将肉卷放入平底锅中煎，煎至表面略泛焦色。
4. 将步骤3的牛肉卷切成方便食用的大小，盛入器皿中，摆上剩余的胡萝卜条。

告别断奶餐后的疑问

进入幼儿期后，进餐礼仪、饮食习惯等与饮食生活有关的方面出现了与断奶期迥然不同的问题。当宝宝心情不错时，请把各种知识慢慢教给他！

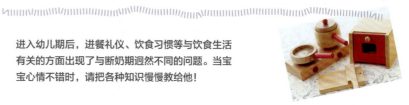

Q 宝宝总是无法和家人一起吃饭。（1岁8个月）

A 可以不每天一起吃饭，但应增加一起就餐的机会

因大人十分忙碌而被迫一个人吃饭的孩子正在不断增多。与家人一起进餐，对孩子而言，这是一个通过确认自己的住处及被父母守护这个事实逐渐获得安全感的过程。在即将告别断奶餐的时期，请让宝宝知道：他（她）即将告别单独吃饭的婴儿期，不久之后将与家人一起进餐。但这并不是说每天都必须一起吃饭。

Q 什么都可以给宝宝吃吗？（1岁8个月）

A 不要给宝宝吃生鱼片和坚果类食品

除刺激性强、味道浓厚、卫生方面有问题的食物外，绝大部分食物都可以给幼儿期宝宝吃。而生鱼片通常有寄生虫和细菌方面的担心，还是不吃为好。此外，应留意那些吃了容易噎住，从而引发窒息的食物。最容易引发窒息的是花生，其次是毛豆、杏仁等坚果和豆类食品。此外，还有果冻、年糕等，也容易卡住宝宝的喉咙。年糕2岁以后再给宝宝吃，坚果和豆类食品最好等到3岁。

Q 每顿饭最好配有汤、酱汁吗？（1岁6个月）

A 也可以配凉白开、大麦茶

由于口感干巴巴的食物会吸走口中的唾液，所以在宝宝咽下后有必要让宝宝通过喝水补充水分。若要补充水分，用凉白开、大麦茶即可。需注意的是，当宝宝口中还有食物的时候，不可给宝宝补充水分。因为这时若补充水分，容易养成未好好咀嚼便让食物随液体一起吞下的坏习惯。

Q 宝宝刚吃一点就马上去玩，从来不集中精力吃饭。（1岁7个月）

A 等宝宝彻底饿了再让他（她）吃饭

首先，可以先让宝宝养成说"我开始吃了""我吃饱了"的习惯，让宝宝将吃饭时间和其他时间区分开。建议妈妈在吃饭前先把玩具、电视等吸引宝宝注意力的东西收好。其次，最好等宝宝彻底饿了再让他（她）吃饭。此外，吃点心的时间以及分量应以不影响吃正餐为前提，应让宝宝适量运动。

无论宝宝吃不吃，妈妈都应在30分钟内果断结束用餐。为了防止发生意外，不要边走边喂，也不要让宝宝含着筷子和汤匙玩耍。

Q 应该什么时候让宝宝练习拿筷子？（1岁10个月）

A 3岁左右开始即可

一岁多的时候，即使宝宝用汤匙吃饭，也是以手抓着吃为主。这个阶段，即使宝宝不会灵活使用汤匙，也无需担心。两岁多的时候，应让宝宝学会用汤匙和叉子吃饭。3岁时，应让宝宝渐渐学会如何拿筷子、如何用筷子夹着吃。什么时候能灵活使用筷子因宝宝而异，一般得等到4~6岁。

过早让宝宝使用筷子，容易形成奇怪的拿筷姿势。3岁以后再练习拿筷子最容易学会，所以妈妈没必要操之过急。现在即使宝宝仅能用汤匙吃一口饭，妈妈也应多表扬。让宝宝对自己吃饭有自信，这很重要。

最初让宝宝学拿筷子时，请妈妈从宝宝身后将手放在宝宝的惯用手上，手把手教。

第 7 章

巧做节日断奶餐

过节的时候,请为宝宝做一份稍稍有些奢华的断奶餐,让宝宝与家人一起享受节日的快乐吧!

春节

整吞整咽期
胡萝卜双色粥

材料
- 10 倍粥⋯⋯⋯⋯30 克
- 胡萝卜（焯过）⋯⋯5 克
- 小油菜叶尖（焯过）5 克

做法
1. 将匀自成人饭菜的胡萝卜和小油菜煮得再软一点后，分别磨成碎末。
2. 将 10 倍粥磨碎，装饰步骤 1 的食材。

将经水焯过的蔬菜捣碎。

用舌搅碎期
芋头三文鱼

材料
- 芋头（红烧）⋯⋯40 克
- 三文鱼⋯⋯⋯⋯13 克

做法
1. 将芋头切去较入味的外层，将其切成方便食用的大小，放入沸水中焯一下。
2. 三文鱼焯烫，去除鱼刺和外皮，戳碎。
3. 小锅中水煮沸，加入步骤 2 的三文鱼，煮至煮汁只剩一半后，与芋头一起盛入器皿中。

炖煮过的食材，仅限使用尚未入味的里面部分。

牙龈咀嚼期
黑豆南瓜金团

材料
- 南瓜⋯⋯⋯⋯20 克
- 煮栗子⋯⋯⋯1/2 颗
- 煮黑豆⋯⋯⋯2 颗

做法
1. 南瓜去皮，煮软，切成 5 毫米见方的小丁。
2. 将煮栗子、煮黑豆（去皮）用热水浸泡，切成碎末。
3. 将步骤 1 的南瓜与步骤 2 的栗子、黑豆混拌一起。

煮栗子和煮黑豆都很甜，为了稀释甜味，使用前请焯一下。

自由咀嚼期
土豆杂煮

材料
- 土豆⋯⋯⋯⋯1/4 个
- 面粉⋯⋯⋯⋯20 克
- 鸡胸肉（焯过）⋯⋯18 克
- 胡萝卜（焯过）⋯⋯适量
- 菠菜（焯过）⋯⋯适量
- 水淀粉⋯⋯⋯少许

做法
1. 土豆用微波炉加热 2 分钟后，去皮，捣碎，拌入面粉，将其攥成直径为 2 厘米的丸子（若较硬，可加入少量水调整硬度）。
2. 将鸡胸肉、胡萝卜、菠菜切小块，放入锅中煮。
3. 煮沸后，加入步骤 1 的丸子，待丸子四周变透明后，用水淀粉勾芡。

土豆煮至如耳垂般硬即可。煮好的土豆黏滑而有弹性。

自由咀嚼期
宝宝寿司卷

材料
- 软饭⋯⋯⋯⋯80 克
- 醋⋯⋯⋯⋯⋯极少量
- 胡萝卜、香菇、牛蒡（红烧）⋯⋯⋯30 克
- 金枪鱼罐头（汤煮型、无食盐添加）⋯⋯5 克
- 海苔碎⋯⋯⋯少许
- 鸡蛋⋯⋯⋯⋯1/3 个
- 植物油⋯⋯⋯少许

做法
1. 将胡萝卜、香菇、牛蒡切成粗碎，放入热水中浸泡。
2. 在软饭中加入醋调味（不加也可），加入步骤 1 的食材、金枪鱼、海苔碎。
3. 在平底锅中倒入一层薄薄的油，将打散的鸡蛋煎成薄蛋皮。放上步骤 2 的食材，从边缘开始卷起，将其卷成团儿。

将米饭弄碎攥一下，并调整好形状，更容易卷成团儿。

🍴 妈妈的经验之谈　我家宝宝平时吃得少，可一回老家与哥哥姐姐一起吃饭，便突然对吃饭有了兴趣。以后我想让她多和小朋友一起吃饭。

(神奈川县 小花妈妈 宝宝1岁)

儿童节

自由咀嚼期

鲤鱼旗可丽饼

材料

低筋粉	50克
白糖	3克
牛奶	100克
鸡蛋	1个
黄油	15克
米饭	适量
土豆沙拉	适量
草莓	适量
胡萝卜、蛋黄酱、酸奶、豌豆	各少许

做法

1. 备好用蛋黄酱拌匀的土豆沙拉、用酸奶拌匀的草莓。
2. 将低筋粉、白糖、打散的鸡蛋、牛奶、化开的黄油混拌，用平底锅摊3张可丽饼。接着用可丽饼将步骤1的食材和米饭卷成细长条，盛入器皿中。
3. 将豌豆作为鱼眼放在头部，用烧热的铁钎子压出鱼鳞图案，装饰上切成长条的胡萝卜。

第7章　巧做节日断奶餐

妈妈的经验之谈　节假日让宝宝和小朋友们外出吃饭，孩子们一起吃饭，宝宝的食欲瞬间大增。毫无疑问，运动玩耍后可以吃得更多。（兵

整吞整咽期
胡萝卜鱼肉糊

材料（1盘）

鱼肉…………5克
胡萝卜泥………15克
水淀粉…………1小匙
奶油沙司（婴儿
食品）…………适量

做法

1. 将磨碎的胡萝卜泥、焯过捣碎的鱼肉、少量水放入锅中煮，用水淀粉勾芡。
2. 将步骤1的胡萝卜鱼肉糊盛入器皿中后，将奶油沙司装入切去一角的塑料袋中，边挤边绘制鱼鳞、鱼眼。

牙龈咀嚼期
竹笋胡萝卜猪肉饭团

材料（大人2人份+宝宝1人份）

大米……………200克
猪肉……………80克
胡萝卜…………60克
竹笋（水煮）…50克
酱油……………少许
料酒……………少许

做法

1. 将大米淘洗好，静置30分钟。
2. 将猪肉剁碎，倒入酱油和料酒腌渍；将去皮的胡萝卜、竹笋切成粗碎。
3. 将大米倒入电饭锅中，倒入适量水，加入步骤2的食材，按下煮饭按钮。
4. 待米饭煮好后，将其攥成方便食用的大小。

库县 绘里子妈妈 宝宝10个月）

用舌搅碎期

五色果冻

材料（5个）

5 种纯果汁（葡萄、苹果、草莓、柑橘、
蔓越橘）⋯⋯⋯⋯⋯⋯⋯⋯⋯⋯⋯⋯⋯各 350 毫升
琼脂粉⋯⋯⋯⋯⋯⋯⋯⋯⋯⋯⋯⋯⋯⋯⋯⋯2 克
土豆泥⋯⋯⋯⋯⋯⋯⋯⋯⋯⋯⋯⋯⋯⋯⋯⋯少许

做法

1. 将果汁和琼脂粉放入小锅中煮，待煮沸后转为小火，边搅拌边煮 1~2 分钟。
2. 将步骤 1 的混合食材倒入容器中，使之自然冷却。按照这个方法制作 5 种果冻，舀入土豆泥。

自由咀嚼期

树叶风味饭团

材料（大人2人份+宝宝1人份）

供大人吃的米饭⋯⋯⋯⋯⋯⋯⋯⋯⋯⋯⋯400 克
供宝宝吃的米饭⋯⋯⋯⋯⋯⋯⋯⋯⋯⋯⋯40 克
鸡肉⋯⋯⋯⋯⋯⋯⋯⋯⋯⋯⋯⋯⋯⋯⋯100 克
大酱⋯⋯⋯⋯⋯⋯⋯⋯⋯⋯⋯⋯⋯⋯⋯⋯40 克
料酒、酱油、白糖⋯⋯⋯⋯⋯⋯⋯⋯⋯各少许
榆树叶⋯⋯⋯⋯⋯⋯⋯⋯⋯⋯⋯⋯⋯⋯⋯4 片
鸡蛋⋯⋯⋯⋯⋯⋯⋯⋯⋯⋯⋯⋯⋯⋯⋯1/2 个
菠菜叶泥（可用婴儿食品）⋯⋯⋯⋯⋯⋯少许

做法

1. 将鸡肉切末，放入锅中翻炒，炒至水分全无即可。炒好后，匀出 10 克作为宝宝饭团的配料。
2. 将大酱、料酒、酱油、白糖加入供大人吃的肉末中，边加热边搅拌，直至肉末变黏稠。
3. 鸡蛋打散，拌入菠菜叶泥，再将鸡蛋液摊成薄薄的一层。待冷却后，将其切成树叶的形状。
4. 将匀出的鸡肉末拌入供宝宝吃的米饭中，并分成 2 等份，接着将米饭压成扁平状，用蛋皮卷起。将供大人吃的米饭分成 4 等份，并压成薄薄的椭圆形，在中心部位放上步骤 2 的肉酱，将饭团对折起来，用榆树叶包上。

国庆节

自由咀嚼期

彩色米饼

材料
（大人2人份+宝宝1人份）

大米	300克
海带	3厘米
寿司醋	
醋	50克
白糖	20克
盐	4克
鸡蛋	3个
胡萝卜	50克
小沙丁鱼干	50克
菠菜叶	20克
焯过的虾	10只
焯过的甜豆	2个
装饰用花形蔬菜（胡萝卜、萝卜、西蓝花茎、南瓜、荷兰豆）	适量
盐	少许

做法

1. 大米淘好后，与水和海带一起放入锅中煮。
2. 将制作寿司醋的材料混在一起，放入微波炉中稍稍加热，使之化开。将煮好的米饭倒入碗中，淋上寿司醋，将米饭与寿司醋均匀搅拌，冷却。
3. 将胡萝卜去皮，切成圆片，煮软，切成碎末。
4. 菠菜用热水泡过后，切碎。
5. 小沙丁鱼干放入热水中泡片刻，待盐分去除后，切成碎末。
6. 用加了盐的水将装饰用蔬菜煮软。
7. 鸡蛋打散后，加入少许盐，摊成薄蛋饼，按照模具大小切好备用。
8. 将步骤2的寿司饭分为3等份，分别拌入步骤3、4、5的食材。
9. 在直径为12~15厘米的圆形模具底部铺上一层保鲜膜。先放上鸡蛋饼，接着按先后顺序放上胡萝卜米饭、鸡蛋饼、小沙丁鱼干米饭、鸡蛋饼、菠菜米饭，最后盖上一层鸡蛋饼。
10. 将步骤9的米饼倒扣在盘子上，装饰上虾、甜豆、蔬菜。

※ 做米饼的模具既可以用蛋糕模具，也可以用锅代替。

整吞整咽期
四色粥

做法

将胡萝卜、南瓜、菠菜泥、焯去盐分的小沙丁鱼干碎末各少量装饰在30克磨碎的10倍粥上。

用舌搅碎期

豌豆粥

做法

1. 将1/4杯冷冻豌豆快速焯一下，用擂钵捣碎，用滤网磨碎，撕去外皮。
2. 将50克7倍粥与步骤1的豌豆混拌一起。

鱼肉草莓泥

做法

1. 将5克鱼肉快速焯一下，捣碎备用。
2. 用擂钵将2颗草莓捣成滑溜的糊泥状。
3. 鱼肉盛入器皿中，配上草莓泥。

自由咀嚼期
蛤蜊汤

材料

（大人2人份+宝宝1人份）

蛤蜊	2~4个
盐	少许
料酒	5克
面筋、鸭儿芹	适量

做法

1. 将蛤蜊、料酒和水倒入锅中煮。
2. 待煮沸后撇去浮沫，撒入盐调味。
3. 在每个大人碗中放入1个泡开的面筋和打好结的鸭儿芹，倒入蛤蜊和蛤蜊汤。
4. 宝宝蛤蜊汤的制作方法：取出适量步骤1的蛤蜊汤，放入1个切碎的面筋。

牙龈咀嚼期
蒸鸡蛋羹

做法

1. 将半个打散的鸡蛋与2倍体积的水放入器皿中，搅拌匀，用蒸锅将其蒸至凝固状态。
2. 将去皮的胡萝卜和白萝卜等蔬菜薄片压成喜欢的形状后，与蘑菇、菠菜一起放入沸水中焯一下，装饰在鸡蛋羹上。

手卷寿司

做法

1. 将80克软饭分成5等份，用手攥成饭团。
2. 分别摆上经微波炉加热的三文鱼片（10克左右）、焯过的香菇、黄瓜片和花形薄蛋皮。

自由咀嚼期
水果沙拉

做法

将50克包含猕猴桃、草莓、香蕉、橙子在内的混合水果切成方便食用的大小，盛入器皿中。

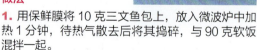

手抓寿司卷

做法

1. 用保鲜膜将10克三文鱼包上，放入微波炉中加热1分钟，待热气散去后将其捣碎，与90克软饭混拌一起。
2. 用1/3个打散的鸡蛋摊成长方形的薄蛋皮。
3. 将混拌好的米饭分成2等份后，每份分别用切成3等份的海苔和薄蛋皮卷成团。
4. 将饭团切成方便食用的大小，按照花的形状摆放在器皿上，寿司上方可根据个人喜好添加蔬菜。

妈妈的经验之谈　宝宝的餐具很多都画有可爱的插图，但我家的餐具却是清一色的白色。之所以选择白色，是怕宝宝一看到图案就不专

万圣节

南瓜的处理

1. 为了不流失水分，用微波炉加热前先用保鲜膜包上。

2. 加热后的南瓜很容易去皮，用汤匙即可取出黄瓤部分。

3. 用汤匙等器具将其切开、捣碎后，按照宝宝的月龄将其做成方便食用的大小和形态。

整吞整咽期
笑脸南瓜糊

材料

南瓜…………10克
菠菜（叶尖）…3片
小番茄…………1个

做法

1. 南瓜处理后，用滤网磨碎，用水稀释成方便食用的浓度。
2. 菠菜用水焯过后，放入冷水中浸泡片刻，沥干后用滤网磨碎。
3. 番茄去除蒂部和子，用滤网磨碎。
4. 将步骤1的南瓜糊盛入器皿中，分别用步骤2的菠菜泥和步骤3的番茄泥做笑脸的眼睛和嘴。

用舌搅碎期
南瓜炖菜

材料

南瓜…………30克
鱼肉……………5克
小番茄…………2个

做法

1. 南瓜处理好后，粗粗捣碎。
2. 将鱼肉放入锅中煮熟，去除鱼皮和鱼刺，用滤网磨碎。
3. 番茄去除蒂部和子，切成粗碎。
4. 将南瓜、鱼肉、番茄盛入器皿中，使之呈现出三色。

心吃饭。（京都府 小爱妈妈 宝宝8个月）

牙龈咀嚼期
南瓜布丁

材料
南瓜……………40 克
鸡蛋……………1 个
牛奶……………100 克

做法
1. 南瓜做好准备工作后，用滤网磨碎。
2. 将鸡蛋和牛奶拌一起，用滤网过滤，拌入步骤 1 的南瓜泥，倒入耐热器皿中，将器皿放入已上汽的蒸笼中，用小火蒸约 15 分钟，待表面凝固后取出，使之自然冷却。

* 可用微波炉代替蒸笼。微波炉的烹饪时间不同于蒸笼，请做相应的调整。

牙龈咀嚼期
蝙蝠肉饼配南瓜沙司

材料
南瓜……………60 克
牛奶……………40 克
小番茄…………1 个
芦笋……………1 根
肉馅……………20 克
洋葱碎…………10 克
鸡蛋……………20 克
盐………………少许

做法
1. 南瓜处理好，磨碎，用牛奶稀释成沙司状，倒入盘子里。
2. 将洋葱碎用微波炉加热 1 分钟后，使之自然冷却。
3. 小番茄去蒂，用刀在顶端划十字，用开水浸泡后去皮；芦笋去皮，煮软，切小段。
4. 将洋葱碎、肉馅、鸡蛋混合均匀，分成 2 等份。将每份揉成小饼坯，放入平底锅煎熟。
5. 将小饼盛在南瓜沙司上，用番茄、芦笋分别装饰成翅膀和触角即可。

牙龈咀嚼期
南瓜沙拉

材料
南瓜……………40 克
芦笋……………2/3 根
胡萝卜…………少许
嫩豆腐…………20 克
香菇……………少许

做法
1. 南瓜处理好后，将其粗粗捣碎。
2. 将芦笋的根部切去，将距离底部 4 厘米的这一段薄薄地削去一层外皮，切成小段；将胡萝卜去皮、切片后，用模具压成喜欢的形状。将切好的芦笋和胡萝卜放入沸水锅中煮软。
3. 豆腐用热水泡过后，捣成碎末；香菇用热水泡软后，切成碎末。
4. 将所有食材混拌一起。

自由咀嚼期
迷你小南瓜

材料
南瓜……………60 克
牛奶……………20 克
胡萝卜…………10 克

做法
1. 南瓜处理好后，粗粗捣碎，与牛奶一起放入锅中，边搅拌边用小火煮干水分，使之自然冷却。用厨房剪刀将南瓜皮剪出南瓜的形状。
2. 胡萝卜煮软后，切成棒状。
3. 将南瓜泥揉成方便食用的大小，用胡萝卜棒点缀在南瓜皮旁，装饰成南瓜的形状。

> 妈妈的经验之谈　万圣节的主角是南瓜。有了节日的气氛，平时觉得麻烦的三餐断奶餐，做起来也是劲头十足。这一天做的全是宝宝可

圣诞节

自由咀嚼期
鸡肉丸浓汤

用舌搅碎期
五角星粥

自由咀嚼期
土豆泥花环

第7章 巧做节日断奶餐

整吞整咽期
雪人土豆泥

材料
番茄泥⋯⋯⋯10克
土豆⋯⋯⋯⋯15克
西蓝花⋯⋯⋯少许

做法
1. 土豆煮软，用擂钵捣碎，用煮汁稀释成糊状。
2. 用汤匙将土豆糊舀入器皿中，将其堆成中间部分凸起的雪人形。
3. 将番茄泥倒在雪人的周围。
4. 将焯过的小朵西蓝花放在雪人的眼睛处。

用舌搅碎期
五角星粥

材料
5倍粥⋯⋯⋯⋯50克
菠菜⋯⋯⋯⋯10克
鸡胸肉⋯⋯⋯5克

做法
1. 将菠菜焯软，切碎；将鸡胸肉焯好、切碎，与菠菜搀混一起。
2. 在盘子的中央摆上五角星模具，倒入步骤1的混合物，在模具四周倒入5倍粥，待成形后取下模具。

牙龈咀嚼期
果冻沙拉

材料（大人2人份+宝宝1人份）
橙子⋯⋯⋯⋯10克
草莓⋯⋯⋯⋯10克
猕猴桃⋯⋯⋯10克
琼脂粉⋯⋯⋯2克

做法
1. 将橙子、草莓、猕猴桃切成小丁。
2. 在小锅中放入水、琼脂粉，煮沸后转为小火，用木铲边搅拌边煮1~2分钟。
3. 将锅从火上取下，边搅拌边使之冷却，然后倒入步骤1的水果，放入冷藏室中冰镇30分钟，使之凝固。

自由咀嚼期
鸡肉丸浓汤

材料
鸡胸肉⋯⋯⋯20克
洋葱⋯⋯⋯⋯10克
土豆⋯⋯⋯⋯10克
胡萝卜⋯⋯⋯10克
白萝卜⋯⋯⋯10克
西蓝花⋯⋯⋯10克
淀粉⋯⋯⋯⋯2克

做法
1. 将鸡胸肉切末，与淀粉、切碎的洋葱搀混一起，做成一口大小的丸子。
2. 将土豆、胡萝卜、白萝卜去皮，切小块；西蓝花切成小块。
3. 将步骤2的蔬菜倒入小锅中煮沸，放入鸡肉丸，待蔬菜煮软即可。

牙龈咀嚼期
果冻沙拉

牙龈咀嚼期
玉米蔬菜浓汤

整吞整咽期
雪人土豆泥

牙龈咀嚼期
玉米蔬菜浓汤

材料

玉米粒	20克	牛奶	40克
胡萝卜	10克	面粉	10克
洋葱	20克	黄油	5克
海带	8克		

做法

1. 将胡萝卜、洋葱洗净，去外皮，切丁；海带洗净，切小片。
2. 将黄油加热化开，放入胡萝卜、洋葱翻炒，加入海带和面粉快速炒匀，加入适量水和玉米粒。
3. 待所有蔬菜变软，加入牛奶，煮沸即可。

自由咀嚼期
土豆泥花环

材料

土豆	30克
胡萝卜	10克
扁豆	10克
奶酪	1/4片

做法

1. 土豆去皮，煮软，磨碎；胡萝卜和扁豆煮软，切成粗碎；奶酪切成粗碎。
2. 将步骤1的食材搅拌一起后，做成花环形，摆在器皿中。

由于土豆趁热搅拌更容易搅拌开，所以动作要快。